中等职业教育 **中餐烹饪** 专业系列教材

食品雕刻

第3版

主　编　江泉毅

参　编　涂建川　陈艳艺　张燕侣
　　　　张景辉　韦昔奇

U0281724

重庆大学出版社

内容提要

本书按照全国职业教育工作会议精神和教育部职业教育与成人教育司提出的课程改革和教材编写要求，根据食品雕刻技能学习的客观规律和学生的实际情况，结合现代烹饪技术对食品雕刻的新要求，站在满足学生学习需求的角度，以一种全新的方式编写。本书主要采用"以工作任务为中心，以典型产品为载体"的项目化编写法，特别是用图片的形式将食品雕刻的工艺过程一步一步地展示出来，使食品雕刻的学习由困难转变为容易。本书在重视食品雕刻基础技能学习的基础上，重点突出雕刻技能的运用和雕刻知识的延伸，力求让学生看得懂，学得会，能运用，有创新。

全书一共有11个项目，在内容设置上由浅入深，由简至繁，以方便学生学习。书中所展示的雕刻技艺精湛，重点部分和主要作品由江泉毅老师亲自操刀制作完成。在雕刻实例的选择上涵盖了食品雕刻中常用的花鸟、鱼虫、畜兽、景物、人物、瓜雕、盘饰、糖艺、面塑、果盘、艺术冷拼等内容，尽量做到实例具有代表性和典型性。全书图文并茂，通俗易懂，涉及的知识面广，展示的雕刻技艺精湛，实例作品精细，是全国高等、中等职业学校以及全国各类培训机构的理想教材，同时，也可以作为广大烹饪从业人员和食品雕刻爱好者的学习用书。

图书在版编目（CIP）数据

食品雕刻 / 江泉毅主编. -- 3版. -- 重庆：重庆
大学出版社，2020.8（2023.8重印）
中等职业教育中餐烹饪与营养膳食专业系列教材
ISBN 978-7-5624-8638-1

Ⅰ. ①食… Ⅱ. ①江… Ⅲ. ①食品雕刻—中等专业学
校—教材 Ⅳ. ①TS972.114

中国版本图书馆CIP数据核字（2020）第061585号

中等职业教育中餐烹饪专业系列教材
食品雕刻（第3版）
主 编 江泉毅
策划编辑：马 宁 沈 静
责任编辑：沈 静 版式设计：沈 静
责任校对：万清菊 责任印制：张 策
*
重庆大学出版社出版发行
出版人：陈晓阳
社址：重庆市沙坪坝区大学城西路21号
邮编：401331
电话：（023）88617190 88617185（中小学）
传真：（023）88617186 88617166
网址：http://www.cqup.com.cn
邮箱：fxk@cqup.com.cn（营销中心）
全国新华书店经销
重庆升光电力印务有限公司印刷
*
开本：787mm×1092mm 1/16 印张：20.75 字数：521千
2013年10月第1版 2020年8月第3版 2023年8月第12次印刷
印数：60 001—65 000
ISBN 978-7-5624-8638-1 定价：69.80元

第3版前言

随着我国经济的蓬勃发展，旅游餐饮行业空前繁荣。为了适应旅游餐饮行业快速发展的需要，给旅游餐饮行业提供大量合格的技能型人才，根据教育部职业教育与成人教育司提出的课程改革和教材编写要求，以及食品雕刻技能学习的客观规律和学生的实际情况，结合现代烹饪技术对食品雕刻的新要求，站在满足学生学习需求的角度，以一种全新的方式编写了本书。

食品雕刻历史悠久，是我国烹饪的一项传统技艺，是我国烹饪艺术中的一朵奇葩。食品雕刻近几年发展迅速，其地位也越来越重要和突出，已经成为广大烹饪从业人员必须掌握的基本技能之一。

本书在充分征询广大烹饪专家和教育专家的基础上，由中国烹饪大师、高级技师、全国职业院校技能大赛优秀专业指导教师、餐饮业国家级评委、重庆市级骨干教师、烹饪专业学科带头人，重庆市旅游学校烹饪专业高级教师、高级讲师，多次获得全国烹饪比赛金奖并指导学生多次获得全国烹饪比赛金奖的江泉毅老师担任主编，与全国其他院校具有丰富理论和实践教学经验的烹饪专业教师，以及工作在烹饪行业一线的专家、技术能手们共同努力，几经酝酿编写完成。特别是这次联合了重庆市旅游学校陈艳艺、张燕侣等老师，以及烹饪行业专家、技术能手一起对第1版、第2版中的部分内容进行了调整，使本书整体质量水平得到了进一步提高。本书既是各级职业院校烹饪专业学生学习食品雕刻技能的教材，也是非常优秀的课后工具书。

本书具有以下特色：

1. 实用性强

根据各级职业院校烹饪专业学生的认知特点，以及其他培训对象的实际需要，确定食品雕刻学习中的目标、重点和难点，在内容设计以及雕刻实例的深度、难度上作了较大程度的调整，做到通俗易懂、循序渐进、深入浅出。做到理论够用，雕刻实例与行业岗位的实际需求接轨，突出实用技能的培养与应用。

2. 具有先进性和创新性

（1）主要采用"以工作任务为中心，以典型产品为载体"的项目化编写法。特别是尽可能多地使用图片，将食品雕刻工艺的过程用图片的形式一步一步展示出来，力求给学生营造一个更加直观的认知环境。同时，在拍照的角度和时机的把握上力求准确，尽量把一个复杂的雕刻过程比较清晰地展示出来，使食品雕刻的学习由以前的老师难教、学生难学转变为好教、易学。

（2）将美术中的绘画知识，生物学中的有关组织结构等知识有机地与食品雕刻结合在一起，这是以前的教材中很少有的。而这些知识对于克服食品雕刻学习的难点和障碍，对于学好食品雕刻是非常有帮助的。

（3）注重所学技能知识的实践与应用。这是本书的重点和亮点。这种运用不仅是在雕刻中的运用，也包括食品雕刻造型艺术在艺术冷拼、热菜、冷菜、面点等方面的综合运用，尽

量做到学与用的最大结合。

（4）理论与实践结合紧密。本书在重视食品雕刻基础理论知识学习的基础上，突出实操技能的务实性、灵活性、有效性和可持续性，力求让学生看得懂，学得会，能运用。

（5）本书中作品所展示的雕刻技艺精湛。书中的重点部分和主要作品由江泉毅老师亲自操刀制作完成。另外，本书还收集了近几年全国各级烹饪比赛中涌现出的部分优秀雕刻作品、相关的菜点和艺术冷拼。这些优秀的作品反映了当今食品雕刻技术发展的方向和高超水平，是广大食雕学习爱好者很好的学习样本。

3. 本书在编写体例设计上具有新意

本书体现了当今先进的食品雕刻教学方法和学习方法。书中介绍了大量与食品雕刻相关的美术知识以及与主题相关的其他方面的知识。每个项目设立了雕刻的基础知识、雕刻实例、雕刻过程、操作要领、应用、主题知识延伸、思考与练习等环节，体现了"学—练—习—思"的逻辑思维过程。

本书一共有11个项目，在内容设置上，力求由浅入深、由简至繁，以方便学生学习。在雕刻实例的选择上，涵盖了食品雕刻中常用的花鸟、鱼虫、畜兽、景物、人物、瓜雕、盘饰、糖艺、面塑、果盘、艺术冷拼等内容，尽量做到让实例具有代表性和典型性。全书图文并茂，通俗易懂，知识面广，展示的雕刻技艺精湛，实例作品精细，是全国高等、中等职业院校以及全国各类培训机构的理想教材。同时，也可以作为广大烹饪从业人员和食品雕刻爱好者的学习用书。

本书由江泉毅担任主编，负责全书所有项目的编写和统稿，并且协助四川省优秀教师、高级技师、全国职业院校技能大赛优秀指导教师、成都农业科技职业学院韦昔奇承担项目11的编写，协助石家庄旅游学校高级烹饪教师、全国职业院校大赛优秀专业指导教师张景辉承担项目8的编写。重庆旅游学校涂建川、陈艳艺、张燕侣参与其他项目的编写和资料收集工作。同时，在编写的过程中，得到了行业、企业专家的支持和帮助。

由于编者水平有限，书中疏漏之处在所难免，希望各位专家学者，广大同仁和读者批评指正。

编　者
2020年3月

Contents
目 录

项目1　食品雕刻的基础知识

任务1　食品雕刻的定义及作用 ……………………………………………………………… 1

任务2　食品雕刻的起源与发展 ……………………………………………………………… 2

任务3　食品雕刻的种类、特点和表现形式 ………………………………………………… 4

任务4　食品雕刻的安全卫生以及成品的着色和保管 ……………………………………… 8

任务5　食品雕刻的应用及要领 ……………………………………………………………… 10

任务6　食品雕刻主要的工具及用途 ………………………………………………………… 14

任务7　食品雕刻工具的保养维修及使用方法 ……………………………………………… 16

任务8　主要食品雕刻工具的使用方法 ……………………………………………………… 17

任务9　食品雕刻的主要刀法 ………………………………………………………………… 19

任务10　食品雕刻的制作步骤和学习方法 ………………………………………………… 22

项目2　实用花卉雕刻

任务1　花卉雕刻的基础知识 ………………………………………………………………… 25

任务2　简易花卉雕刻实例——简易尖形五瓣花 …………………………………………… 28

任务3　简易花卉雕刻实例——简易尖瓣五角花 …………………………………………… 31

任务4　简易花卉雕刻实例——简易番茄花 ………………………………………………… 34

任务5　实用整雕类花卉的雕刻——大丽花 ………………………………………………… 36

任务6　实用整雕类花卉的雕刻——直瓣菊花 ……………………………………………… 40

任务7　实用整雕类花卉的雕刻——白菜菊花 ……………………………………………… 44

任务8　实用整雕类花卉的雕刻——月季花 ………………………………………………… 46

任务9　实用整雕类花卉的雕刻——茶花 …………………………………………………… 52

任务10　实用整雕类花卉的雕刻——荷花 ………………………………………………… 57

任务11　实用整雕类花卉的雕刻——牡丹花 ……………………………………………… 63

任务12　实用整雕类花卉的雕刻——玫瑰花 ……………………………………………… 68

任务13　实用整雕类花卉的雕刻——马蹄莲 ……………………………………………… 73

任务14　实用组合雕类花卉的雕刻——牡丹花 …………………………………………… 77

任务15　实用组合雕类花卉的雕刻——菊花 ……………………………………………… 80

任务16　实用组合雕类花卉的雕刻——玫瑰花 …………………………………………… 83

项目3 实用禽鸟雕刻

任务1　禽鸟雕刻的基础知识 …………………………………………………………… 87
任务2　实用禽鸟雕刻实例——相思鸟 …………………………………………… 104
任务3　实用禽鸟雕刻实例——喜鹊 ……………………………………………… 108
任务4　实用禽鸟雕刻实例——翠鸟 ……………………………………………… 112
任务5　实用禽鸟雕刻实例——丹顶鹤 …………………………………………… 118
任务6　实用禽鸟雕刻实例——鸳鸯 ……………………………………………… 123
任务7　实用禽鸟雕刻实例——鹦鹉 ……………………………………………… 127
任务8　实用禽鸟雕刻实例——锦鸡 ……………………………………………… 131
任务9　实用禽鸟雕刻实例——雄鹰 ……………………………………………… 137
任务10　实用禽鸟雕刻实例——雄鸡 …………………………………………… 142
任务11　实用禽鸟雕刻实例——孔雀 …………………………………………… 147
任务12　实用禽鸟雕刻实例——凤凰 …………………………………………… 152

项目4 实用鱼虾类雕刻

任务1　鱼虾类雕刻的基础知识 …………………………………………………… 160
任务2　实用鱼虾类雕刻实例——鲤鱼 …………………………………………… 161
任务3　实用鱼虾类雕刻实例——金鱼 …………………………………………… 165
任务4　实用鱼虾类雕刻实例——神仙鱼 ………………………………………… 169
任务5　实用鱼虾类雕刻实例——虾类 …………………………………………… 172

项目5 实用昆虫类雕刻

任务1　昆虫类雕刻的基础知识 …………………………………………………… 176
任务2　实用昆虫类雕刻实例——蝴蝶 …………………………………………… 177
任务3　实用昆虫类雕刻实例——蝈蝈 …………………………………………… 181
任务4　实用昆虫类雕刻实例——螳螂 …………………………………………… 184

项目6 实用畜兽类雕刻

任务1　实用畜兽类雕刻的基础知识 ……………………………………………… 188
任务2　实用畜兽类雕刻实例——骏马 …………………………………………… 189
任务3　实用畜兽类雕刻实例——梅花鹿 ………………………………………… 199
任务4　实用畜兽类雕刻实例——老虎 …………………………………………… 205
任务5　实用畜兽类雕刻实例——麒麟 …………………………………………… 213
任务6　实用畜兽类雕刻实例——中国龙 ………………………………………… 219

项目7 实用食品雕刻底座和装饰物雕刻

任务1　底座和装饰物雕刻的基础知识 …………………………………………… 232
任务2　底座和装饰物雕刻实例——假山石 ……………………………………… 234
任务3　底座和装饰物雕刻实例——水浪花 ……………………………………… 240

任务4　底座和装饰物雕刻实例——古树 ……………………………………… 244
任务5　食品雕刻装饰物雕刻实例及运用 ……………………………………… 247

项目8　实用瓜雕类雕刻

任务1　瓜雕的基础知识 ……………………………………………………… 258
任务2　瓜雕实例——瓜盅、瓜灯、瓜篮 …………………………………… 263

项目9　实用人物类雕刻

任务1　人物类雕刻的基础知识 ……………………………………………… 270
任务2　实用古代女性雕刻实例——仙女 …………………………………… 279
任务3　实用人物类雕刻实例——寿星 ……………………………………… 286

项目10　实用盘饰制作

任务1　盘饰制作的基础知识 ………………………………………………… 295
任务2　盘饰制作实例 ………………………………………………………… 300

项目11　实用水果拼盘制作

任务1　水果拼盘制作的基础知识 …………………………………………… 316
任务2　常用水果原料的艺术加工 …………………………………………… 318

食品雕刻的基础知识

任务1 食品雕刻的定义及作用

图1.1 食品雕刻——
凯歌高奏

图1.2 艺术冷拼——鸳鸯戏莲

图1.3 食品雕刻——
瓜果飘香

食品雕刻是烹饪艺术与雕刻艺术相结合产生的一门雕刻技艺。食品雕刻是指运用一些特殊的雕刻工具、雕刻刀法和雕刻手法，把具有可食性的食物原料制作成形态美观、结构准确、形象生动、构思精巧的花卉、鸟兽、鱼虫、山水等各种具体形象的技术。食品雕刻是我国烹饪技术中不可缺少的重要组成部分，体现了中国烹饪精湛、高超的技艺。

中国菜肴历来讲究色、香、味、形、器、质、养等，且驰名中外，位于世界之冠，而食品雕刻的发展和作用也是一个重要的原因。国际上把食品雕刻赞誉为"中国厨师的绝技"和"东方饮食艺术的明珠"。

食品雕刻的题材繁多、取材广泛，无论是花鸟鱼虫、亭台楼阁，还是神话传说，凡是具有吉祥含义、寓意美好的题材都可以用食品雕刻的形式表现出来，或食用，或欣赏。食品雕刻广泛运用于菜肴制作、菜点装饰、宴会看盘、展台的制作等，其主要作用体现在以下几个方面：

①食品雕刻能美化菜点，使其色、形更加完美，同时，也能弥补菜点在色彩和形态上的不足，从而达到提升菜点品质的目的。

②食品雕刻能提高宴席和菜点的档次，能烘托、活跃宴席的气氛，而且也可以丰富席面

的色彩，使宴席组合形式丰富而多样。

③食品雕刻能使菜点和宴席的主题突出、鲜明，同时，也能给菜点和宴席融入中国悠久而灿烂的历史和文化，使食客在享用美食的同时也能得到艺术的享受。

④食品雕刻能提高烹饪从业人员的艺术修养、造型能力和审美能力，同时，食品雕刻也是衡量其烹饪技术水平的一个重要方面。

⑤食品雕刻能体现企业的技术水平，是餐饮企业扩大宣传、树立品牌的一种必备手段。特别是在每一次的交流、比赛中，精美的食品雕刻展台往往是每一次活动的亮点，吸引着广大观众的目光。

任务2　食品雕刻的起源与发展

图1.4　现代牙雕艺术品（1）

图1.5　现代牙雕艺术品（2）

中国食品雕刻历史悠久，具体起源于何时，现在无法准确考证。食品雕刻的雏形应该来自人类原始的祭祀活动，早在春秋时就有真正意义上的食品雕刻存在。当时的人们是在蛋的外壳上进行雕刻和染绘，然后烹熟而食，这应该是世界上最早的食品雕刻艺术品了。"蛋雕"这种技艺流传至今，到现在也还有这项雕刻艺术存在。如图1.6所示。

图1.6　现代蛋雕艺术品

图1.7　现代木雕艺术品

图1.8　现代玉石雕刻艺术品

春秋时期孔子提出了"食不厌精，脍不厌细"等对菜肴和食物的要求，这种思想也促进了烹饪技术的提高和食品雕刻的发展。

到了隋唐时期，食品雕刻大量流行起来。其中，比较具有代表性的有："酥酪雕"，即在酥酪上进行雕刻，被称为"香食"；隋炀帝专用菜肴"镂金龙凤蟹"，即在菜肴"糖醋螃蟹"的上边覆盖一张用金纸镂刻成的有龙凤图案的雕刻品，作为菜肴的装饰；唐代的"辋川小样"花色工艺菜，就是模仿唐代诗人王维的《辋川图二十景》制作的，它运用了多种不同质地、不同颜色的食物原料雕刻成景物，然后组合而成；到了宋代，在筵席上使用食品雕刻已经成为一种风尚，雕刻的内容也从一般常见的雕花蜜饯，发展到雕刻各种造型的虫、鱼、鸟、兽、亭台楼阁，厨师的雕刻技艺也已经发展得非常高超了；明、清时期的淮扬瓜雕——"西瓜灯"是瓜雕艺术发展的鼎盛时期，其表现的内容、雕刻的刀法和作品的构思都达到了一个新的高度，这也说明食品雕刻在当时达到了相当精美的程度。

随着人类社会的不断发展，特别是我国改革开放与经济的飞速发展，人们的生活水平不断提高。当人们物质享受得到满足后，就会追求精神享受，也就是俗话说的要从过去的吃得"饱"变成现在的吃得"好"。而这里的"好"，主要就是对菜肴的"色、香、味、形、器、质、养"等方面的要求。因此，中国的食品雕刻艺术真正得到继承、发展和创新，是在20世纪90年代以后。

在以前，食品雕刻只是反映上层社会、封建贵族的奢侈豪华。而现在，食品雕刻得到了更为广泛的运用：大到国宴，小到普通酒店、餐馆都用上了食品雕刻的花、鸟、鱼、虫等来装饰菜点和席面。食品雕刻作为烹饪艺术的一部分，也紧跟时代步伐，在不断地发展、完善和创新。现在正是食品雕刻大发展的阶段，各地区间烹饪技艺的不断交流、学习，充分借鉴和继承了我国传统的木雕（图1.7）、石雕、玉雕（图1.8）、根雕等雕刻艺术的精华，加上广大烹饪工作者对雕刻技术的刻苦钻研、精益求精，一些新的食品雕刻技法和新的食品雕刻工具的发明和运用，使食品雕刻得到了空前的发展，也使食品雕刻艺术达到了新的高度。全国涌现出了一大批食品雕刻艺术大师，形成了一些食品雕刻艺术的流派，显示着食品雕刻旺盛的生命力。

食品雕刻作为一门雕刻艺术，也在随着人们对美的不断追求而在不断地改变其艺术形态，并不断地发展、提高和创新。作为新一代的烹饪工作者，应该学习好、运用好食品雕刻，掌握高超的烹饪技艺，使烹饪技术向更加完美的方向发展。

图1.9　国外南瓜雕刻艺术品（1）

图1.10　国外南瓜雕刻艺术品（2）

图1.11　国外南瓜雕刻艺术品（3）

任务3 食品雕刻的种类、特点和表现形式

图1.12 果蔬雕刻

图1.13 糖艺龙

图1.14 面塑鲤鱼戏莲

图1.15 琼脂雕刻

图1.16 豆腐雕牡丹花

图1.17 泡沫雕孔雀

1.3.1 食品雕刻的种类

食品雕刻的题材和内容非常丰富，种类多种多样。食品雕刻主要有两种分类方法。

1）按食品雕刻所用的原材料分类

按食品雕刻所用的原材料分类，主要分为：

（1）果蔬雕刻

果蔬雕刻是指以瓜果蔬菜作为主要雕刻原料的雕刻形式。如图1.12所示。

（2）糖雕

糖雕也称"糖艺"，就是把白糖、饴糖、葡萄糖糖浆、糖醇等经过配比、熬糖、拉糖，然后采用吹、捏、压、挤、剪等方法进行加工处理，制作出具有观赏性、可食性、装饰性、艺术性的糖制食品的一种工艺。如图1.13所示。

（3）面塑

面塑也称"面雕"，是以糯米粉、面粉、蜂蜜等为制作的原料，进行雕刻。面塑本是一种民间工艺，后来被引入餐饮，用来点缀、美化菜点，烘托宴席的气氛。如图1.14所示。

（4）琼脂雕刻

琼脂雕刻是指将琼脂加热融化，倒入容器中冷却，然后把它作为雕刻的主要原料的一种雕刻形式。如图1.15所示。

（5）黄油雕刻

黄油雕刻起源于欧洲。黄油雕刻以泡沫雕刻为基础和骨架，然后将黄油挂抹上去，把雕塑作品的细致部分塑造出来后，再用一些特殊的刀具进行雕塑成型。

（6）肉糕类雕刻

肉糕类雕刻以鸡、鸭、鱼、肉、虾、蛋等为原料，蒸制成各种糕类，然后以其为原料进行雕刻创作。应注意的是：蒸好的肉糕要做到不涨、不发、不松、不破，色彩美观、刀口细腻整齐。

（7）豆腐雕刻

豆腐雕刻以豆腐作为雕刻的原料，雕刻时，一般在水中，利用水的浮力，慢慢地雕刻，动作要求做到稳、准、轻、柔。如图1.16所示。

（8）冰雕

冰雕是在石雕的基础上逐步形成和发展起来的一门雕刻艺术，主要以冰块作为雕刻的原料。

（9）其他类雕刻

其他类雕刻主要有泡沫雕刻、花泥雕刻等，它们不属于食品雕刻的范围，但是，作为一种纯艺术品，常被用于餐饮展台的制作。其重量轻，易保管，作品大气，上色后自然逼真，造型灵活多变，极具艺术价值。如图1.17所示。

2）按食品雕刻的题材和内容分类

按食品雕刻的题材和内容分类，主要分为：

（1）花卉类雕刻

以真实的花卉、枝叶、果实为雕刻的题材和原形进行创作，如月季花、茶花、牡丹花、菊花、荷花、玫瑰花、大丽花等。如图1.18所示。

（2）禽鸟类雕刻

鸟的种类很多，但是作为食品雕刻题材的主要是一些常见的，并且有一定美好寓意、形态美丽的鸟类，如凤凰、老鹰、孔雀、公鸡、仙鹤、鸳鸯、锦鸡、喜鹊、绶带、鹦鹉等。如图1.19所示。

（3）水族类雕刻

水族类的品种很多，但作为食品雕刻题材的主要也是一些常见的、形态美观的，并有一定美好寓意的品种，如金鱼、鲤鱼、燕鱼、虾蟹等。如图1.20所示。

（4）昆虫类雕刻

昆虫的品种很多，用作食品雕刻题材的主要有蝴蝶、蝈蝈、蜻蜓、蜜蜂、螳螂等。如图1.21中的蜻蜓。

（5）畜兽类雕刻

畜兽类雕刻主要是雕刻一些与人类比较亲近的畜、兽类以及一些吉祥的神兽，如雕刻马、牛、兔、鹿、虎、狮、龙、麒麟等。如图1.22所示。

（6）建筑景物类雕刻

建筑景物类雕刻主要有宫殿园林、亭台楼阁、假山、古树、云彩等。如图1.23所示。

（7）器物类雕刻

器物类雕刻主要有花篮、花盆、鼎、灯笼、如意、花瓶、瓜盅、瓜灯等。如图1.24所示。

（8）人物类雕刻

人物类雕刻主要以神话传说中的人物和历史英雄人物为雕刻题材，如仙女、八仙、罗汉、关羽、寿星、嫦娥等。如图1.25所示。

图1.18

图1.19

图1.20

图1.21

图1.22

图1.23

图1.24

图1.25

1.3.2　食品雕刻的特点

食品雕刻与木雕、石雕、泥塑等雕刻艺术之间有许多共同特征。但是，由于雕刻的原材料、雕刻的刀法及手法上的不同，因此也有一些独有的特点。这些特点展现出了食品雕刻艺术的独特魅力。其主要特点有：

①食品雕刻的原料必须是具有可食性的烹饪原料，如瓜果、蔬菜等。

②食品雕刻的技术性高，要求雕刻者的刀法纯熟，技艺精湛。这主要是由于食品雕刻的原料大多数质地脆嫩多汁，在雕刻过程中很容易损坏，因此，要求雕刻时落刀准确，出刀干净利落，手法轻松熟练。同时，还要精神集中，仔细认真。

③食品雕刻的作品具有及时性，展示的时间比较短，有些只能使用一次，不能重复使用和长时间地保存。因为，食品雕刻的原料大多容易腐烂和失水干瘪，所以，最好是现用现雕，这样才能达到最美的艺术效果。这就要求雕刻者刀法、手法娴熟、快捷。

④食品雕刻的艺术表现力强，凡是具有吉祥含义、寓意美好的题材都可以用食品雕刻的形式表现出来。这就要求雕刻作品应该是造型优美、形象生动、色彩鲜艳、色调明快的，要能让人们在享受美食、品尝美味的同时，还能在视觉上得到美的艺术享受。

⑤食品雕刻的主题明确，造型美观，制作快速。刀工、刀法独特，极其讲究规范，有着独到之处。表现的题材和内容往往能突出宴会和菜点的主题或是建立起某种联系，从而使宴会的气氛融洽、和谐。

⑥食品雕刻的卫生要求严格。食品雕刻一般分为可食用的和专供欣赏的两大类，但是都要求讲究卫生，保证安全，防止污染。

1.3.3　食品雕刻的表现形式

1）圆雕

圆雕又称整雕、立体雕刻。传统意义上的圆雕是在不用粘接的同一个原料上进行雕刻，雕刻出完整、独立的作品。现在一般也把形状是立体的、从各个面看都可以呈现出雕刻主题的形象，可供多角度欣赏的雕刻统称为圆雕。整雕在雕刻技法上是最难的，要求也比较高。整雕作品的整体性、适用性强，无须其他物品的支持和陪衬，就能自成一个完整的、立体的艺术形象，具有较高的欣赏价值。如图1.26所示。

2）平刻

平刻，就是平面的雕刻，也称平雕，即用菜刀或其他刀具雕刻出花、鸟、鱼、虫等的形象轮廓，然后切出平雕片来。也可以用食品模具在原料上用力按压成型，再将其一片片切开备用。平刻主要用于热菜配料的制作，盘边的点缀、装饰，冷菜中原料的刀工造型等。如图1.27所示。

3）浮雕

浮雕，就是在原料的表面上，雕刻出向外凸出或向里凹进的花纹或者图案的一种雕刻方法。浮雕又分为凸雕（阳文浮雕）和凹雕（阴文浮雕）。阳文浮雕的雕刻难度要大于阴文浮雕，但是效果好。浮雕技法最适合制作瓜盅、瓜罐、瓜盒、瓜灯等艺术性较强的瓜雕类雕刻。如图1.28所示。

4）镂空雕

镂空雕也称"透雕"，就是在雕刻好的作品上，将作品上的某些地方根据要求采用镂空

透刻的方法刻穿、刻透，但是雕空的部分彼此联系。这种雕刻表现形式能使原料内部具有空间感。如图1.29所示。有的还可以在作品的里面点上蜡烛，让烛光透过空隙散发出来，形成玲珑剔透的视觉效果，别有一番独特的意境。

5）组合雕

组合雕，又称"零雕整装"，就是先分别雕好作品的各个部件，然后再通过粘接组装成完整的作品。一件作品可以用一种原料雕，也可以是多种原料雕刻而成。这是一种普遍采用的雕刻方法。这种方法的好处是色彩丰富而鲜艳、形态逼真、造型灵活、艺术表现力更强。如图1.30和图1.31所示。

图1.26　圆雕——乡趣　　　图1.27　平刻——麦穗形　　　图1.28　浮雕——西瓜盅

图1.29　镂空雕——书海扬帆　　图1.30　组合雕——锦上添花　　图1.31　立体组合雕刻——秋韵

任务4　食品雕刻的安全卫生以及成品的着色和保管

1.4.1　食品雕刻的安全与卫生

在整个烹饪过程中，食品安全和卫生一直放在最重要的位置。只有食品的安全和卫生做得好，烹饪活动才会有意义。食品雕刻作为整个烹饪过程中的一部分，与菜点的配合非常紧密。由于食品雕刻的特殊性，如果不注意合理使用反而会给菜点造成污染，影响食物的卫生安全，因此，卫生安全始终贯穿于食品雕刻的制作过程及雕刻成品的储藏和应用之中。要特别注意以下几个方面：

①食品雕刻的原料必须是可食用的食品原料，不得用非食品原料加工。要选用新鲜优质的，无生虫和腐烂变质的原料。

②雕刻制作人员要注意个人卫生，不得有传染病、传染性皮肤病等。雕刻制作人员要穿

戴干净的工作服，不留长指甲，手要清洗消毒。

③雕刻的环境要求洁净明亮，空气新鲜，场地清洁卫生。这样的环境不仅能避免外界环境因素的污染，而且有助于雕刻者的创作。

④食品雕刻所使用的工具必须清洁卫生，生锈的刀具或是久藏积尘的、污染的刀具，在使用前必须擦亮磨光，开水煮烫消毒后才可使用。案板、转台、垫板、衬布等其他用具必须是专用的，使用时要保持清洁卫生。

⑤雕刻成品必须单独存放，与其他物品隔离，以免污染。必要时，用塑料袋包好封口放入冰箱内保存备用。

⑥雕刻成品使用时，尽量不要与菜点直接接触，避免生熟不分和互相污染。如果要接触，比如作为盛器的瓜盅等，可以垫上锡箔纸或是其他餐具隔离，也可以用蒸、煮的方法杀菌消毒后使用。

1.4.2　食品雕刻成品的着色

食品雕刻多是利用原料本身的天然色彩，不提倡着色。利用原料本身的天然色彩来表现作品，能给人自然淡雅、朴实真切的感觉。但是，有时作品色彩过于单调，就需要着色。可以采用下面几种方法进行着色。

1）泡色法

根据需要选好食用色素的颜色，然后溶解于水中制成有一定浓度和色彩的液体。接着，把雕好的作品放入液体浸泡一段时间，上色后取出，在吸油纸上去掉多余的水分，备用。这种方法的最大好处是速度快，适合大批量的上色。如果是花卉之类作品的着色，一般采用刀尖或是牙签插在花卉的底上，然后把花倒过来，将花瓣的上面部分浸入液体中，着色后再翻过来，让颜色慢慢地向下流。用这种方法着色的花瓣颜色会有浓淡的变化，看起来会更加自然美观。

2）染绘法

根据需要，选好食用色素的颜色，然后溶解于水中制成有一定浓度和色彩的液体。接着，用毛笔蘸上色素液体，根据需要染绘在雕刻作品的表面。采用这种方法的好处是：作品色彩的深浅、浓淡好控制，作品上好色后颜色显得自然美观、真实。

3）弹色法

用一把干净的牙刷，蘸少许液体色素，对准作品需要着色的部位，然后用手指压摸刷毛。松手后，刷毛弹起将液体色素弹成雾状并黏附在需要着色的部位。可以重复操作几次，做出满意的色彩效果。采用这种方法着色的作品，颜色柔和而不生硬，自然而又美观。比如，花卉上色时，就可以采用弹色法，可以弹花蕊，也可以弹花边，效果很好。另外，给苹果、桃子之类的雕刻作品上色也可以采用该方法。

4）机器喷色法

利用空压机产生高压气体，通过喷枪或喷笔把调好的液体色素喷射出去，形成雾气状的有色液体并黏附在需要着色的部位。采用这种着色方法的作品颜色分布均匀，色彩浓淡变化自然过渡。作品上好色后颜色显得非常逼真，效果最好。

总之，采用哪种方法着色，要根据当时的条件和需要来定。使用色素着色，一般不宜"浓妆艳抹"，尤其是大型雕刻。假如喧宾夺主失去了原料的天然色彩，反而不能体现出食品雕刻的艺术魅力。另外，在着色时，绝对不能使用非食用色素。

1. 4. 3 　食品雕刻成品的保管方法

食品雕刻的原料是可食性的食物原料，大多脆嫩多汁，含有较多的水分，很容易失水变形、变色，进而腐烂变质。假如保管不当，会加快食品雕刻作品的变质，影响食品雕刻作品的艺术效果。因此，食品雕刻作品的保管就显得特别重要。目前，主要采用以下几种方法进行保管。

1）清水浸泡法

将作品直接放入干净的清水中浸泡，使之吸收水分。这种方法适宜作品短时间的储存和保湿。如泡的时间过长，雕刻作品就会起毛、褪色，甚至变质。清水浸泡作品时的水和容器一定要干净，不可有油、盐等的污染。

2）矾水浸泡法

将矾和清水按1%～2%的浓度调配成溶液，放入食品雕刻作品浸泡。这种方法能清洁作品，使之能较长时间地保持质地的新鲜和色彩鲜艳，能有效防止腐烂变质，延长作品的储存时间。如果发现矾水溶液浑浊了，应马上更换相同浓度的新的矾水溶液，以免作品变质。

3）低温冷藏法

将雕刻好的作品用清水浸湿后用塑料袋或是保鲜膜包好、密封好，放入温度为3 ℃左右的冰箱中冷藏。使用的时候再拿出用清水浸泡备用。冰箱温度要控制好，温度过低原料容易结冰，影响效果，过高又达不到延长保鲜的作用。

4）冷冻保管法

这种方法主要适用于冰雕作品的保管。将雕刻作品放置在－18 ℃以下的冻库中储存保管，只要作品不被损坏，就可以长时间储存。

5）涂膜隔离法

将琼脂或明胶与清水按一定的比例加热融化，然后趁热涂抹在雕刻作品的表面，待冷却后就会在其表面形成一层保护膜，起到隔绝外面氧气、保水、保色的作用。应注意在使用时不可涂抹得太厚，否则会影响作品的整体效果。特别是一些细节的地方就会被遮盖而不能显现。

6）清水喷淋法

用装有干净水的喷壶，给做好的雕刻作品喷水，使其保持水分，防止作品干枯、变色，失去光泽。应用时，应采取量少勤喷的方法，即每次水量不要喷得太多，多重复几次。这种方法主要用于雕刻作品展示期间的保鲜。

任务5　食品雕刻的应用及要领

1. 5. 1 　食品雕刻的应用

食品雕刻美观实用，制作过程快捷简单，成本低廉，在餐饮企业的经营中却起着越来越重要的作用，应用的范围也越来越广泛。

1）在菜点装饰、点缀中的应用

食品雕刻作品作为装饰物摆放在盘子的边缘或者中间起着辅助、衬托菜点的作用。同时，可增加菜点的色彩和形态的美观，弥补某些菜点在颜色、形状方面的不足。如图1.32和

图1.33所示。

图1.32　　　　　　　　　　　　　　　　　图1.33

2）在菜点制作过程中的应用

食品雕刻作品除了作为装饰物起辅助、衬托菜点的作用外，也经常与菜点互相配合，雕刻成盅形、罐形、碗形、船形、花形等，用作菜点的盛器或是菜点整体的一部分，共同组成一道集食用性和艺术性于一体的精美菜点。如图1.34所示。

食品雕刻常作为整个菜点制作过程中不可缺少的一部分，有时也对菜点本身进行雕刻加工。这样能使菜点的形状完整、美观，符合主题，有则全，缺则损。食品雕刻可以起到画龙点睛的作用和效果。如图1.35所示。

图1.34　　　　　　　　　　　　　　　　　图1.35

3）在宴席和展台中的应用

图1.36　　　　　　　　　　　　　　　　　图1.37

食品雕刻用于宴席（图1.36）和展台（图1.37）中是最能体现这门艺术的魅力的一种形

式，也是现在常用于装点席面和展台的手段。独立摆放，专供欣赏。通常摆放在餐台的中央或是餐厅的某个显要位置，达到美化环境、渲染气氛的作用。特别是大型食品雕刻展台的制作，充分体现了作者高超的雕刻技艺和深厚的文化艺术修养。

1.5.2 食品雕刻应用的要领及注意事项

①首先要重视食品安全，保证食品雕刻作品应用中的清洁卫生，避免对菜点和用餐环境的卫生造成污染。特别是食品雕刻作品在和菜点有接触的时候，一定要更加注意安全。

②食品雕刻作品的题材和内容最好能与宴会或者菜点的主题相对应，或是建立起某种联系，也就是要达到形式和内容的和谐统一，达到一种更加完美的艺术效果。比如，宴会的主题是"结婚庆典"，那么，就可以雕刻一些以鸳鸯、荷花、喜鹊、龙凤等为题材的作品。如"鸳鸯戏水""花好月圆""双喜临门""龙凤呈祥""百年好合"等。又如，宴会的主题是给老人"贺寿"，那么就可以雕一些以仙鹤、梅花鹿、绶带鸟、乌龟、古松、桃子、寿星、仙女麻姑等为题材的作品，如"松鹤延年""鹤鹿同春""春光长寿""麻姑献寿"等。宴会的主题如果是给年轻人过生日，那么在题材和内容的选择上就要区别于给老人贺寿，可以雕刻以雄鹰、锦鸡、老虎、公鸡、龙马等为题材的作品，如 "鹏程万里""前程似锦""雄风万里""官上加官""龙马精神"等。

③要根据不同客人的风俗习惯、喜好和忌讳来设计雕刻作品的内容和形式。要了解不同国家和地区人民的生活习惯、风土人情、宗教信仰等，有针对性地雕刻一些作品，这样可以取得事半功倍的效果。反之，就会得不偿失，费力不讨好。比如，法国人喜欢马，不喜欢孔雀、仙鹤；日本人喜欢樱花，不喜欢荷花。

④雕刻作品用于菜点装饰、点缀时，形体不要过大，在盘子中所占位置的比例一般热菜不超过1/3，冷菜不超过1/5，高度一般不超过15厘米，否则容易造成主次不分，喧宾夺主。太大、太高的装饰反而使菜点的整体效果不协调，不美观。

⑤雕刻作品作为看盘使用时要注意尺寸大小，不可太高、太大，否则会阻挡宴席上客人的视线，妨碍客人之间的交流。太大、太重的雕刻作品，服务员不容易操作和搬运。现在一般要求雕刻作品的长、宽、高加底座不能超过60厘米。

⑥雕刻作品用于菜点装饰、点缀时，应尽量避免与食用原料直接接触，防止造成"生熟不分"。雕刻作品更不能含有毒、有害的物质，如502胶水、铁钉、化学颜料、塑料物体等。

⑦雕刻作品用于菜点装饰、点缀时要注意与菜点的有机结合，这样可以使菜点整体感觉协调、合理，妙趣横生，显得有意境。如以鸡为原料的菜肴就可以配以公鸡为题材的雕刻作品，以鱼为材料的菜肴可以配以渔翁、渔网、鱼篓、鱼虾等为题材的雕刻作品。

⑧雕刻作品作为盛器使用，与菜点直接接触时，可以在菜点装入前垫上其他餐具或是锡铂纸，避免直接接触，交叉污染，也可以先采用蒸或是开水煮的方法杀菌消毒后，再装入菜点。

⑨在制作大型食品雕刻展台时，所表达的主题思想和内容应从当前的一些时事热点、特色历史文化、举办活动的主题以及本单位的企业文化等来选材和制作。雕刻作品中主体作品应体积比较高大、突出，整体布局要合理，有层次，确保突出主题。但是，对于一些小的食品雕刻配件的雕刻也不可忽视，其对食品雕刻展台的整体效果影响很大。另外，要注意的就是色泽的美观、色调的和谐。在形象艺术中就有"远看色彩，近看形"之说。如

图1.38和图1.39所示。

图1.38

图1.39

1.5.3　各类主题宴会常用的食品雕刻主题

1）生日祝寿类食品雕刻主题

松鹤延年　龟鹤同寿　春光长寿　鹤鹿同春　福寿双全　代代寿仙　麻姑献寿　寿鸟双飞

富贵长寿　五福捧寿　八仙过海　南极仙翁　仙寿福云　洪福齐天　富贵万年　齐眉祝寿

2）婚、喜宴类食品雕刻主题

麒麟送子　龙凤呈祥　鸾凤和鸣　百鸟朝凤　双喜临门　富贵白头　比翼双飞　喜上眉梢

鸳鸯戏莲　百年好合　花好月圆　情深意浓　风雨同舟　金玉良缘　白头偕老　和和美美

3）春节、新年团聚类食品雕刻主题

连年有鱼　四季平安　太平有象　六合同春　金玉满堂　三阳开泰　喜鹊报春　五福临门

花开富贵　金鸡报喜　福满人间　一帆风顺　麟凤呈祥　三元报喜　麒麟献瑞　九鲤朝阳

4）升学、升迁类食品雕刻主题

前程似锦　雄风万里　青云得禄　独占鳌头　虎啸山林　大鹏展翅　龙马精神　二甲传胪

一路连科　金榜题名　鸿运当头　麒麟玉书　鲤跃龙门　春风得意　锦上添花　蟾宫折桂

5）接风、送行类食品雕刻主题

一路顺风　马到功成　孔雀迎宾　喜在眼前　仙鹤凌云　鹏程万里　大展宏图　满载而归

6）商务、开业类食品雕刻主题

招财进宝　麒麟献宝　虎踞财源　连连得利　布袋送福财　刘海戏金蟾　狮子滚绣球

金玉满堂　福地生财　日进斗金　开门大吉　双龙戏珠　佛光普照　渔翁得利

图1.40

图1.41

任务6 食品雕刻主要的工具及用途

　　食品雕刻需要使用专用的工具，好的雕刻工具是完成一件好的雕刻作品的前提条件，特别是一些特殊工具的发明和使用，在很大程度上促进了食品雕刻的发展和提高。食品雕刻工具的种类非常多，没有统一的标准和规格，大多是雕刻者根据自己的实际操作经验和作品的具体要求自行设计、加工制作的。食品雕刻工具制作的材料大多为不锈钢、铜皮和钢片等金属材料，大致可以分为6大类：切刀、雕刻主刀、戳刀、拉刻刀、模具刀及特殊工具。

　　1）切刀

　　雕刻中用的切刀主要就是平常使用的、刀身比较窄小一点的菜刀。主要用于雕刻时对原料"开大形"和切平大型雕刻时原料的粘接面。用切刀可以提高雕刻的速度，也能使原料间的粘接紧密而且牢固。

　　2）雕刻主刀

　　雕刻主刀，也叫雕刻手刀、平口刀、雕刀，是食品雕刻中最重要的刀具。雕刻主刀的用途极广甚至可以代替戳刀使用，故称"万用刀"。雕刻主刀主要采用白钢、锋钢、锯条钢等硬度高并且韧性好的材料制作，其刀口异常锋利，刀身窄而尖，长度一般不超过10厘米。如图1.42所示。

　　3）戳刀

　　戳刀又叫槽口刀，分尖形（V形）和圆形（U形）戳刀，品种、规格众多，用途非常广。其特点是：雕刻的速度比雕刻主刀快，雕刻出的线条，块面光滑、均匀，清晰流畅。

　　（1）V形戳刀

　　V形戳刀刀口呈V字形，有大小多个规格。V形戳刀戳出的线条呈三棱形，可长可短，可粗可细。V形戳刀主要用于瓜雕的花纹、线条的雕刻，以及雕刻鸟类的尖形羽毛，也可用于雕刻尖形花瓣的花卉。如图1.43所示。

（2）U形戳刀

U形戳刀刀口呈U字形，有大小多个规格。U形戳刀戳出的线条呈圆弧状的条形。U形戳刀主要用于雕刻鸟类的羽毛，各种鱼类的鳞片，戳圆形的孔洞，也可用于圆形花瓣的花卉，动物的肌肉和骨骼的雕刻。如图1.44所示。

4）拉刻刀

拉刻刀是一种既可以拉线，又可以刻形，也可刻形和取废料同步完成的食品雕刻刀具。拉刻刀的特点是：雕刻速度更快，雕刻出的作品完整无刀痕，特别适宜雕刻人物、兽类等。如图1.45所示。

5）模具刀

模具刀，就是用薄的金属片，根据各种动植物的形象轮廓而做出来的空心模型，其边缘有刀口，品种、规格众多，主要用于平刻。使用时，将模具的刀口朝下置于原料之上，用力压下，然后切片备用。如图1.46所示。

6）特殊工具

特殊工具是雕刻者根据个人的喜好和雕刻作品的需要而使用的一些雕刻用具。主要包括刻线刀、划线刀、矩形刀、双线拉刻刀、拉刻刀、挖球刀、挖料刀、分规、镊子、剪刀、锉刀、墙纸刀、木刻刀具、502胶水等。如图1.47～图1.52所示。

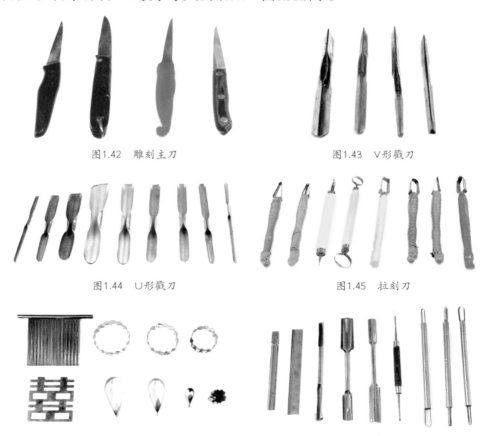

图1.42　雕刻主刀　　　　　　　　　　　图1.43　V形戳刀

图1.44　U形戳刀　　　　　　　　　　　图1.45　拉刻刀

图1.46　模具刀　　　　　　　　　　　图1.47　特殊工具

图1.48　锉刀　　　图1.49　502胶水　　图1.50　打皮刀　　图1.51　挖球刀　　图1.52　刻线刀

任务7　食品雕刻工具的保养维修及使用方法

1.7.1　食品雕刻工具的保养维修要求

古人云："工欲善其事，必先利其器。"要雕刻出好的作品，就必须要有好的雕刻工具。食品雕刻工具总的要求是小巧灵活，方便易用，刀口锋利。

①每种雕刻工具都有其特殊的用途，应该根据雕刻的需要合理地选用；否则，会造成刀具的损坏或者雕刻不出要求的效果。

②磨快刀具，保持每种雕刻工具刀口的锋利、光滑；否则，会造成作品的刀路不整齐，质地松软的原料雕刻困难，还容易溜刀伤手，因为刀口不锋利反而不好控制用刀的力度。

③磨好的雕刻工具不可以去刻一些质地特别硬的东西，这样做很容易使刀口缺损，甚至完全不能使用。

④使用完后应及时地洗净、擦干、包好、装盒，最好是分类保管，以免生锈和碰损刀口。

⑤操作时，刀具要摆放整齐，不要与原料及其他杂物混放在一起，以免在操作中误伤。使用时，要做到时刻专心细致。

1.7.2　食品雕刻工具的打磨维修

雕刻工具在使用一段时间后，需要重新进行打磨。其实，磨刀就是通过刀具与磨刀石之间的摩擦，使刀具变得锋利好用。磨制刀具的主要工具是磨刀石。磨刀石的种类很多，主要分为两大类：粗磨刀石、细磨刀石。一般先用粗的磨刀石磨大形，然后再用细的磨刀石磨平刀身、磨快刀刃。这是一种既快又好的磨刀方法。不同的雕刻工具有不同的磨制方法，下面介绍几种主要雕刻刀具的磨制。

1）切刀的磨制

先用清水把粗磨刀石和切刀打湿，最好是把磨刀石放在水中泡一下，然后将刀身平放在磨刀石的石面上边。刀背微微地抬起一点角度，角度不要太大，保持、稳定好磨刀的角度，用力将刀身由后向前、由前向后推拉，反复磨制，直到达到要求。再用同样的方法翻面磨另外一面，两面都达到要求后换用细磨刀石磨平切刀的刀身，磨快切刀的刀刃，使切刀的刀身平整光滑，刀口锋利而且好使用。

2）雕刻主刀的磨制

雕刻主刀的磨制方法与切刀的磨制方法一样，主要区别就是磨刀时握刀的姿势。另外，磨的时候要特别注意不要损坏雕刻主刀的刀身形状，也不要把雕刻主刀的刀身磨得太薄。雕刻主刀是食品雕刻最重要的工具，也是使用时间最多的刀具，其磨刀的质量要求也是最高的。雕刻主刀的刀身要求要有一定硬度，整个刀身面要平整光亮，磨刀时留下的刀痕一定要磨平。刀口要特别锋利，要求达到能刮下毛发的程度。

3）戳刀的磨制

戳刀主要分V形和U形，其打磨的方法是一样的。戳刀磨制的主要工具有：钢制的小圆锉、三棱锉、砂纸、砂条、细磨刀石等。戳刀磨制的操作方法比较简单、快速，一般是先磨戳刀口的内沿边，再磨戳刀口的外缘边。首先，根据戳刀的形状选择与其形状一致的磨刀工具。然后，把戳刀和锉刀用水淋湿，将锉刀置于戳刀内口，由内向外拉动，将戳刀的内沿口锉成斜口。戳刀的内沿口锉好后，再将戳刀的外沿口置于细磨刀上像磨雕刻主刀一样磨，直到戳刀口锋利。也可以在最后用细砂纸或砂条将戳刀口内外磨快即可。磨戳刀时，要注意的是：由于戳刀比较薄加上材质不是很硬，因此，磨的时候，用力大小和磨的程度要控制好，磨的过程中要多观察，防止戳刀口变形损坏。

4）拉刻刀的磨制

拉刻刀的磨制方法与戳刀的磨制方法和要求是一样的，只是在磨拉刻刀外沿口时手要转动拉刻刀，用力要轻而平稳，防止损坏刀形和刀口。

5）模具刀和特殊雕刻工具的磨制

这类雕刻工具的种类和规格很多，但是维修打磨的方法和要求与主刀、戳刀、拉刻刀等是一样的，要注意的就是磨制的时候用力大小适当，磨制的过程中要勤观察，防止工具的损坏。

1.7.3　食品雕刻刀具磨制的鉴别及要求

磨制好、保养维护好食品雕刻的刀具和用具对于食品雕刻的意义重大。那么，怎样鉴别食品雕刻的刀具、用具是否磨好，是否达到了雕刻的要求呢？其主要的方法是用手的大拇指横向轻轻触摸刀口（手和刀口方向垂直），若刮手的感觉强烈就说明刀具很锋利，符合雕刻的要求；反之，若感觉比较光滑就说明刀具还需要继续磨制。

另外，还有一种鉴别食品雕刻的刀具、用具是否磨好的方法，就是在原料上实际使用一下，如果在雕刻时感觉不费力，不涩刀，顺滑，雕刻出的刀面平整，戳出的线条边缘整齐光滑无毛刺，那就说明达到了要求，否则就需要继续磨制。

任务8　主要食品雕刻工具的使用方法

掌握食品雕刻工具的正确使用方法，对于学好食品雕刻是十分重要的，对于初学者来讲尤为重要。如果开始学的时候方法不对，并习惯了错误的方法，想要改正过来就很难。正确掌握食品雕刻工具的使用方法，能让初学者在很短的时间内，熟练掌握食品雕刻的多种刀法和手法。同时，还可以保证食品雕刻的操作安全，减少失误。

由于每个人有不同的操作习惯，因此，在食品雕刻工具的使用方法上会有所区别。我们应该把自己的操作习惯和常用的操作手法相结合，找到一种适合自己的操作手法。

由于食品雕刻的不断发展和雕刻技艺的不断提高，一些新的食品雕刻工具会不断出现，使用的方法也会有所变化。但是基本的要求是不变的——就是必须保证食品雕刻的操作安全，减少失误，能让学习的效果好、工作效率高，省时、省力还可以省料。每个人要结合自己的操作习惯去找到适合自己的使用方法，多练习，就能做到得心应手、灵活自如。俗话说，熟能生巧。

1.8.1　食品雕刻主刀的使用方法

1）横握刀法

四指握住刀把（刀柄），使刀刃向内。拇指空开，在雕刻时抵住原料，起支撑、稳定的作用。雕刻时靠收缩手掌和虎口，使雕刻刀夹紧向里运动。这种握刀法运刀的力量最大、最稳，但有时显得不够灵活。如图1.53所示。

图1.53　横握刀法　　　　图1.54　两指握刀法　　　　图1.55　握笔式握刀法

2）两指握刀法

食指和拇指握住刀身，其余三指作为支撑点，起稳定的作用。雕刻时，靠拇指和食指的收缩来使刀运动。这种握刀法的优点是：运刀非常灵活、快速，特别适用雕刻细节的地方，是现在常用的一种握刀法。只是对于初学者来说，由于拇指和食指的力量不够，采用两指握刀法雕刻时感觉力量不够，显得力量较小。在这种情况下，就可以在两指握刀时加上一个中指，这样就感觉力量要大一些，握刀要稳一些。如图1.54所示。

3）握笔式握刀法

握笔式握刀法是一种像握笔一样握雕刻刀的方法。无名指和小指微微并拢、内弯，抵住原料，使运刀平稳，起支撑的作用。刀把置于虎口，刀身平放于中指第一关节。食指抵住刀背，拇指轻压在刀把和刀身连接处。主要靠拇指、食指和中指的收缩来运刀。注意：刀刃一般都是朝向左边或朝向里面。如图1.55所示。

1.8.2　戳刀的使用方法

戳刀的握刀方法就像握笔一样，拇指、食指和中指握住戳刀的前部，无名指和小指抵住原料起支撑作用，其雕刻过程由手指和手腕配合用力完成。在雕刻的过程中，戳刀一定要压在原料上，戳刀的方向是向外的。如图1.56和图1.57所示。

图1.56   图1.57

1.8.3 拉刻刀的使用方法

一般采用两指握刀法，如果初学者的拇指和食指的力量不够，采用两指握刀法雕刻时就会感觉力量不够，显得力量较小。在这种情况下，就可以在两指握刀时加上一根中指。

1.8.4 502胶水的使用方法

在制作某些大型食品雕刻作品或雕刻时原料不够大、缺料，就需要对原材料进行粘接。粘接是现代食品雕刻中重要的雕刻方法。粘接前的粘接面要切平整，擦干水。粘接的材料主要是502胶水。这是现代食品雕刻的一种常用工具，它能使加工成型的原料很快、很牢固地粘在一起。可以说，502胶水在食品雕刻中的应用，在一定程度上促进了食品雕刻技艺的发展和提高。但是，502胶水是一种化工产品，在使用时有一定的危险性，操作时更要注意安全，防止使用时粘到眼睛等部位。特别要注意食品卫生，防止污染食品。

1.8.5 模具刀和特殊雕刻工具的使用方法

这类工具的种类很多，但是使用的方法却比较简单。一般都是采用上面几种刀具的使用方法。

任务9 食品雕刻的主要刀法

食品雕刻是一门独特的雕刻艺术。有着一套独特的雕刻刀法、手法。由于食品雕刻的原料品种多而且质地各异，因此，食品雕刻的刀法和手法就非常多。食品雕刻的过程中需要使用很多雕刻刀具。同时，也要根据雕刻成型的需要，不断地变化各种刀法、手法。有时，同一种雕刻工具为了雕刻的需要就要采用多种雕刻刀法和手法。刀法、手法是食品雕刻最重要的基本功之一，一定要熟练掌握。食品雕刻主要的刀法、手法有以下几种。

1）切刀法

切刀法主要有直切、斜切、锯切和压切4种。主要用于雕刻时修整原料和"开大形"。如图1.58所示。

（1）直切

直切就是刀背向上，刀刃向下，左手按稳原料，右手持刀，刀与原料和案板呈90°垂直

切下，使原料分开的一种刀法，属于一种辅助的雕刻刀法。主要用于不规则的大块原料的最初加工处理。它能使不整齐的原料在厚、薄、长、短上更加明显地表现出来，有利于雕刻作品造型的设计。另外，直切还可以用于雕刻时的"开大形"，使后边的雕刻变得简单省事，加快雕刻的速度。

（2）斜切

斜切，即操作时刀与原料、案板不成直角状的一种切法，其他要求和直切是一样的。斜切时，原料一定要先放稳，左手再按稳料，右手根据所需要的角度，手眼并用，使刀按要求切下去。

（3）锯切

锯切时，一般选用窄而尖的刀具。左手按稳原料，右手持刀，先将刀向前推，然后再拉回来。一推一拉就像拉锯子一样的一种切法。这种锯切刀法主要适用于韧性较大或太嫩、太脆的原料，熟食原料也多采用锯切的刀法。

（4）压切

压切主要是用模具刀放到原料的表面，然后施加压力将原料切下的一种方法。这种方法主要用于平刻。压切时，要注意原料的厚薄不能超过模具刀的深度。最好在原料的下边垫上木板，防止伤手。

2）削刀法

一般把悬空的切称为削，就是将刀在原料上笔直地推出去或是拉回来。运刀的路线为直线，削出的面为一个平面。削刀法是食品雕刻中的一种常用刀法。如图1.59所示。

3）刻刀法

刻是食品雕刻中最常用的刀法，整个雕刻过程中都在使用。刻是食品雕刻的精加工刀法，是对雕刻作品局部较细形态的加工手法。主要使用雕刻的主刀来进行。刻的过程主要是通过手指和手腕的运动来达到刻形和去废料的目的。如图1.60所示。

4）旋刀法

旋也称旋刀切，旋刀法是一种用途很广的刀法，不仅可以单独旋刻一些弧度比较大的花瓣，而且是雕刻过程中所必需的辅助刀法。主要使用雕刻主刀，其运刀路线为弧线，雕刻出的面也是带圆弧形的，就像削苹果皮似的。旋刀法操作起来有一定的难度，使用时持刀要稳，下刀要准，刀要贴着原料运刀，确保旋刻出的面平整而光滑。如图1.61所示。

5）戳刀法

戳刀法是食品雕刻中一种常用的刀法。戳刀法操作简单，用途非常广泛。戳刀法使用的工具是戳刀。雕刻时，首先将戳刀斜插入原料的表面，持刀的手将戳刀匀速向前推动，刻出丝、条、沟、槽等形状的雕刻刀法。戳刀法主要分为直戳、曲线戳、翘刀戳、翻刀戳4种。

（1）直戳

直戳时，左手拿稳原料，右手持刀，将戳刀压在原料的表面，找好进刀的点位，然后进刀，并且确定好深度或厚度。刀口朝前或向下，直线推进。如图1.62所示。

（2）曲线戳

曲线戳和直戳的方法一样，只是运刀的线路是曲线的，刻出的线条是弯曲的。曲线戳主要用于雕刻细长而且弯曲的形状，如鸟类的羽毛、动物的毛发等。如图1.63所示。

（3）翘刀戳

翘刀戳主要用于雕刻凹状或勺状花瓣等形状的一种方法。雕刻时，左手拿稳原料，右手持刀，将戳刀压在原料的表面，找好进刀的点位，先浅然后慢慢地加深，到一定的深度后，刀尖慢慢往上翘，刀后部往下压，刻出的形状呈两头细的凹状或勺状，如睡莲、梅花、荷花等的雕刻。如图1.64所示。

（4）翻刀戳

翻刀戳的操作方法和直戳的方法基本一样，其区别在于戳的时候进刀的深度要慢慢地加深，当快要戳到位时将戳刀往上抬，再将戳刀拔出。翻刀戳特别适宜雕刻鸟类的羽毛或是细长形的花瓣。其特点是：刻好的花或羽毛用水泡后就会自然地翻卷。如图1.65所示。

6）刻画

刻画，就是用雕刻刀具代替笔并且像笔一样使用的一种雕刻刀法。刻画是雕刻过程中的一种重要的辅助手段。刻画操作简单，但是要求雕刻者要有一定的艺术修养和美术功底。主要用于辅助雕刻时的"取大形"，以及瓜雕、浮雕等的雕刻。如图1.66所示。

7）压切

压切主要使用各种模具刀进行雕刻，刀法比较简单易学。其操作过程是先将原料放在案板上，然后把模具刀口朝下对准原料压下去，最后取出。

图1.58	图1.59	图1.60
图1.61	图1.62	图1.63
图1.64	图1.65	图1.66

任务10 食品雕刻的制作步骤和学习方法

1. 10. 1 食品雕刻的制作步骤

食品雕刻是一个复杂的制作过程，为了使雕刻过程有条不紊，雕刻出主题思想明确、形态优美、符合要求的优秀作品来，可以把食品雕刻的过程分为以下5个步骤：

1）选题

选题是选择雕刻的内容题材，确定雕刻的题目。选题是食品雕刻的第一步，要达到题、形、意的高度统一。选题时，要注意作品的主题思想，要有一定的思想性和一定寓意，要根据作品的具体用途来确定。作品的主题、题材、内容要与宴会的气氛和内容相符合，这样才能引起大家的共鸣。

2）选料

选料是根据作品的题材和雕刻作品的类型来选择合适的（大小、长短、形状、季节等）原材料。对原料的具体用处要心中有数，做到大料大用，小料小用，防止原料使用不当造成浪费。选料时，还要考虑作品色彩的搭配，使作品在色彩和质量上达到理想的要求。

3）构思

构思主要包括确定雕刻作品的表现形式、雕刻作品的大小、高低、长短等，以及主题部分的安排，陪衬部分的位置以及色彩的分布，作品的大小比例等。必要时，要用笔画出示意草图，这样才能有条不紊地开展工作，才能体现出整体的协调美观，局部的细致精巧。另外，具体到每一个雕刻部件的形状和技法也要做好设计。有了良好的构思基础，才能使作者的刀工、刀法得到充分的体现和发挥。

4）雕刻

雕刻是食品雕刻步骤中最重要的一环。食品雕刻的艺术价值是通过雕刻技艺来体现的。雕刻是把前面的设计和构思具体地表现出来。雕刻实施总的方法是"先整体，后局部"，也就是先雕刻出作品的"大形"之后，再细致雕刻具体的地方。

5）组装待用

食品雕刻作品完成后，为了达到最佳的艺术效果，往往还需要对雕刻作品进行组装、整理以及进一步的修饰。比如，盛器的选择、食品雕刻配件的安装、整体构图效果以及怎样摆放等。总之，要把食品雕刻作品的最佳效果在实际应用中完美地表现出来。

1. 10. 2 食品雕刻的学习方法

食品雕刻既是一个复杂的制作过程，又是一门强调技术水平和动手能力的雕刻艺术。要学好食品雕刻有一定的难度，要经过一个比较长的过程，不可能一夜之间就会了。因此，要求我们在学习雕刻的过程中首先要喜欢、热爱食品雕刻，要有成不骄，败不馁，持之以恒，不怕苦累的精神。为了使食品雕刻的学习少走弯路，快速提高雕刻技术，还应该采用以下的学习方法：

1）师承各家，多结交一些喜欢食品雕刻的朋友

学习食品雕刻的过程必须要有老师的帮助和指导，这样才能使雕刻技术进步更加迅速。"无师自通"一定是在技术上有一定的基础后才能做到的。事实证明，无师并不能全部自

通。有了老师的传授，我们可以亲眼看见操作过程，直截了当地领会各种刀法和手法的实施。其进步之快，是自学者所不能比拟的。

在学习食品雕刻的过程中，要多结交一些喜欢食品雕刻的朋友，互相学习提高。雕刻好的作品，不仅要请内行指教，也要请一些"外行"提意见。俗话说"三人行，必有我师"，是有道理的。

2）多看与食品雕刻有关的书籍和资料

书籍是人类文化的结晶，也是最好的老师。多看各种与食品雕刻相关的书籍和资料，对学好食品雕刻有非常大的借鉴作用。与食品雕刻有关的书籍和资料有很多，主要有：各种动植物图片；美术方面的动物、花草工笔、白描画；动植物绘画技法、技巧知识；动物学中的解剖、结构知识等。通过看这些书籍，可以加深我们对雕刻主体的了解和熟悉程度。对食品雕刻的内容越熟悉，雕刻起来就越容易，学习效果越好。

3）多向其他的雕刻艺术学习

艺术与艺术之间其实有许多相通之处，是可以互相借鉴学习的。食品雕刻的起源早，但是发展进步最好的时期也就是在我国改革开放后的这段时间。与其他艺术的发展相比，显得晚，也显得稚嫩。因此，向其他艺术门类学习是非常有必要的，如木雕、石雕、玉雕、牙雕等雕刻工艺。

4）在学习食品雕刻的同时要学习一些相关的绘画知识

绘画离不开形体结构与比例关系。这在食品雕刻的过程中也是非常重要的知识。绘画技能的提高会给学习食品雕刻极大的帮助。学习时，可以以绘画中的线描为主，线描练习可以通过写生、临摹、速写、默写等方式进行。

在中国绘画几千年的历史中，历代书画家在长期的艺术创作和实践中总结和积累了非常多的关于绘画方面的经验和心得体会。这些经验和心得体会经过多年的流传、提炼，形成了通俗易懂、好记好背的画诀。而这些对于指导我们学习食品雕刻，特别是提高我们对动物整体大形的把握以及作品整体的构图、搭配造型是非常有帮助的。比如：

古代鸟兽画诀1

龙脸愁的像，出现必升降。龙身遍体甲，其数却无量。
吊睛白额虎，正中写三横。虎尾斑点匀，为数十三整。
朝阳啸的凤，姿势欲翔腾。若要画肥猪，腿短拖地肚。
哭的狮子脸，戏球又跳升。昂首挺胸马，画法三块瓦。

古代鸟兽画诀2

怯人鼠，威风虎。鸟噪夜，马嘶蹶。
画戏猫，常洗脸。画白兔，前腿短。
画麒麟，头似龙。画雄鹰，两只眼。
牛行卧，犬吠篱。画鲤鱼，尾腮鳍。

5）掌握"几何法""比例法""动势曲线法"等基本绘图技法

食品雕刻中最难的一项技能就是对雕刻主体大形的把握。可以通过"几何法""比例法""动势曲线法"等基本绘图技法的学习来提高自己准确雕刻物体大形的能力。

（1）几何法

在雕刻前，通过观察，可以对雕刻对象的外形特征进行分析、概括，然后把其分解成一

些简单的几何形体，如球形、蛋形、三角形、扇形、长方形等。这些几何体间连起来就形成了动物的各种形象和姿态动作，如回头、抬头、奔跑、跳跃等。

（2）比例法

比例法就是雕刻时把雕刻对象各部位之间的大小关系、长短变化用比例的形式确定下来，确保雕刻对象的外形准确，比例恰当。如仙鹤的腿长约为身高的一半，喜鹊的尾长与身长相当，天鹅的脖长等于它的身长等。

（3）动势曲线法

动势曲线是最能表现动物姿态变化特点的曲线。画出动势曲线后，再运用几何法、比例法添加上其他部位，这样动物的大形就能很快地画出来了。

6）注意食品雕刻的雕刻顺序和方法

食品雕刻的雕刻顺序和方法主要遵循以下原则：

①先直刀取大形，再细刻局部。

②先主后次，先大后小，先头后尾，先外后里。

图1.67

图1.68

 思考与练习

1.简述学习食品雕刻的重要意义。

2.食品雕刻刀具的保养与维修应注意哪些方面？

3.食品雕刻在安全卫生方面有哪些具体要求？

4.加强食品雕刻常用刀法和手法的训练。

实用花卉雕刻

图2.1 冷拼　　　　　　图2.2 食品雕刻　　　　　　图2.3 热菜

任务1 **花卉雕刻的基础知识**

　　花卉以绚丽多彩的颜色、沁人心脾的芳香，自古以来深受人们的喜爱。花卉不仅装点着河山，美化着环境，同时又能陶冶情操，给人美好的精神享受。正是因为人们爱花、喜欢花，所以把花卉作为主要的雕刻素材。利用雕刻方法，将食物原料雕刻成各种各样的花卉，运用到菜点的制作和装饰中。

　　花卉雕刻是学习食品雕刻的重点，也是学习食品雕刻的基础。通过学习雕花，可以逐渐掌握食品雕刻中的各种刀法和手法，为以后的学习打下坚实的基础。由浅入深，由易到难，循序渐进，掌握食品雕刻的各种技巧，这样可以练就高超的食品雕刻技艺。同时，花卉的雕刻造型方法和技巧对于提高菜点制作的色、形方面也有很大的帮助。如图2.1～图2.3所示。

2.1.1 花卉的基本结构

花卉的品种很多，形态、颜色也不一样。但是，它们的基本结构是一样的，主要由花瓣、花蕊、花萼、花托、花柄等组成。如图2.4所示。

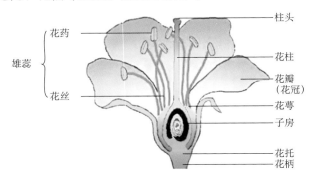

图2.4 花卉基本结构示意图

1）花瓣

一朵花主要是由花瓣构成，每种花卉的花瓣形状是有区别的。花瓣主要分为圆形、桃尖形、细条状形、勺状形以及不规则锯齿状等形状。如圆形花瓣的有茶花、梅花等；桃尖形的有月季花、玫瑰花、荷花等；细条状形的主要是各种菊花；勺状形的主要有玉兰花等；不规则锯齿状的有牡丹花、康乃馨等。另外，同一朵花卉的花瓣大小、长短也有区别。一般情况下，外面的花瓣长、大，里面的花瓣短、小，这种变化是渐变的。

花瓣颜色鲜艳，其色彩有浓淡、深浅的变化。比如，有的花瓣是上面部分的色彩深一些，而花瓣的根部色彩却浅一些，这种颜色是渐变的。因此，如果需要给雕刻的花瓣着色，应注意把这种效果表现出来，否则着色反而会显得不自然。

不同的花卉，除了花瓣的形状、颜色不一样，花卉的花瓣数量和花瓣层数也不一定相同，每种花卉的层数最少1层，多的一般不会超过6层。

2）花蕊

花蕊是花卉繁殖器官的一部分，分为雄蕊和雌蕊。雌蕊位于花卉的正中心，呈柱形，柱头有些还分叉。雄蕊围在雌蕊的外边，呈丝状，上部有形状似米粒形的花药；花蕊的颜色与花瓣的颜色对比比较鲜明，在数量上，雌蕊少而雄蕊多。在食品雕刻中，很多花卉在雕刻时是不用雕刻花蕊的，而是用花瓣把花蕊包起来，形成一个花苞，这样既降低了雕刻的复杂程度，同时又未使所雕花卉的艺术效果受到影响。

3）花萼

花萼在花瓣与花托连接的位置，由多个萼片环列分布。花萼的形状像小叶片，颜色大多为嫩绿色、翠绿色或深绿色，也有带紫色、红色的。花萼的瓣数为3～5片，有些与花瓣的数量一致。但是，在食品雕刻中，通常没有将花卉的花萼和花托雕刻出来，因为使用花卉装饰菜点时，是看不见花萼和花托的。

2.1.2 花卉雕刻的要领及注意事项

花卉的雕刻方法在食品雕刻中是比较简单的，但是对基本功的要求却非常高，雕刻时的刀法和手法需要通过大量的练习来逐步提高，这是一个长期训练的过程，要做到勤学苦练，持之以恒。眼勤、脑勤、手勤，是学好花卉雕刻的关键要领。同时，也要注意以下几个方面。

1）刀具使用适当

刀具的大小、软硬要适当。雕刻花卉用的刀具要硬一点的，不要太软，否则在雕刻时刀具会发生变形。另外，刀具是否平整、锋利将会影响花瓣的厚薄和平整度。刀具不快，雕刻时不好控制力度，反而容易发生危险。

2）雕刻方法由易到难

花卉雕刻应先从简单的花卉雕刻开始，逐渐增加难度。通过雕刻简单的花卉，能逐步熟练掌握各种雕刻的刀法和手法。同时，也能培养起学好食品雕刻的信心。

3）原材料新鲜

花卉雕刻要求花瓣平整光滑、厚薄均匀（宜薄不宜厚），这样雕刻出来的花才形象生动、逼真。雕刻花卉的原材料必须新鲜，质地紧密而坚实，不空心，肉内无筋。如果雕刻的原料不好，就不容易达到这样的要求，会影响作品雕刻好后的艺术效果。

4）抓住花瓣形态特征

花卉雕刻时，要抓住花瓣的形态特征。花瓣形状的好坏直接影响着作品最后的艺术效果，初学者可以先用笔在纸上画一下花瓣的形状，然后在原料上进行雕刻，这样要容易一些。

5）掌握角度、深度和厚度

花卉雕刻过程中，要掌握好角度、深度和厚度。

（1）角度

角度是指花瓣与花瓣之间的距离，也是花瓣与底面水平线的角度。花瓣与花瓣的距离越大，花瓣的层数就越少；反之，花瓣的层数越多。花瓣与底面水平的角度是逐渐加大的，否则作品雕刻好后没有包裹状的花蕊或是容易出现抽薹的现象。

（2）深度

深度是指去废料或刻花瓣时下刀的深浅。去废料时的深度要求前后两刀的深浅要一致，这样废料才去得干净而且不会伤到花瓣。刻花瓣时的深度要求是接近花瓣的底部，不要太深，否则花瓣容易掉。另外，雕刻花卉时下刀的深度也影响着花苞的大小，下刀越深，花苞越小；反之，花苞越大。

（3）厚度

厚度是指花瓣的厚薄。花瓣的厚度要求是上部稍薄（特别是边缘），而根部稍厚，这样雕刻出的花瓣自然好看，经水浸泡后能向外翻卷，并且还挺得住形，不会太软。

6）废料去除干净

花卉雕刻时，废料要去除干净，无残留。在花卉雕刻过程中，去废料是一个比较难的操作，常出现去不干净、有残留的现象。废料去得掉或者去得净的关键是雕刻时要控制好刀具的角度和深度。简单地讲，就是前面一刀和后面一刀要相交。由于在雕刻时进刀的深度有时是看不见的，深浅的控制完全靠雕刻者的感觉，而这种感觉是需要靠长期的训练才能掌握好的。

简易花卉雕刻实例——简易尖形五瓣花

简易花卉的雕刻方法比较简单，雕刻的刀法和手法也容易掌握。通过学习简易花卉的雕刻，既能进一步掌握一般花卉的基本结构，又能训练和提高雕刻的基本功，培养学习雕刻的信心和决心。简易花卉的雕刻快速而方便，灵活而实用，主要是用于菜点的装饰、点缀和菜肴围边，使菜点的色和形更加美观。以下是一些常用的简易花卉，它们在雕刻刀法、手法以及原料和刀具使用上都不一样。在雕刻的过程中，要去领会雕刻使用的刀法和手法，加强两手的配合，做到眼到、手到、心到，慢慢找到雕刻的手感，逐步提高雕刻技艺。

2.2.1 简易尖形五瓣花的雕刻过程

图2.5 简易尖形五瓣花

这是一种用雕刻主刀快速雕刻简易尖形五瓣花的方法。简易尖形五瓣花是一种常雕的简易花卉，其用途广泛，但是花的结构和制作过程却比较简单。简单是一种美，绝不是粗制滥造。因此，雕刻时，要把这种花的美表现出来。另外，在雕刻练习时，要重点体会雕刻的刀法（刻刀法）和手法（横握手法），以及手、眼、原料、刀具的相互配合。

1）主要原料

胡萝卜、绿色小尖椒。

2）雕刻工具

平口主刀、502胶水。

3）主要雕刻刀法

刻刀法。

4）制作步骤

①将原料切成长4厘米左右的段，用雕刻刀把原料修成近似五棱柱的形状。如图2.6所示。

②原料大头朝前，从五棱柱的棱上从上往下运刀，刻出一个尖形的面，然后再用刀刻出第一个花瓣。如图2.7和图2.8所示。

③用同样的方法雕刻出余下的4个花瓣，并把5个花瓣底部连在一起取下来。如图2.9所示。

④用绿色小尖椒刻出花萼，用小尖椒皮切细丝作为花的花蕊。如图2.10和图2.11所示。

⑤用502胶水在雕好的花上粘好花蕊、花萼。如图2.12和图2.13所示。

⑥将粘好的花泡入水中，过一段时间就可以使用。

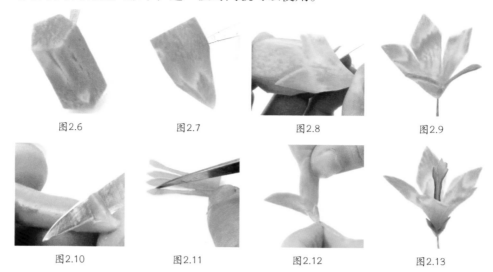

| 图2.6 | 图2.7 | 图2.8 | 图2.9 |

图2.10　　　　　　图2.11　　　　　　图2.12　　　　　　图2.13

2.2.2　简易尖形五瓣花质量要求

①整体完整，形状自然美观，色彩鲜艳。
②花瓣上薄下厚且5个花瓣底部要紧挨着连在一起。
③花瓣平整光滑，完整无缺。

2.2.3　简易尖形五瓣花的操作要领

①雕刻刀要锋利，运刀时要稳，注意厚薄的变化。
②在使用502胶水粘接时，要注意操作安全。
③雕好的花一定要泡入清水中，花瓣在吸收水分后会自然翻卷变形，因此，花形显得更加自然美观。

2.2.4　简易尖形五瓣花的应用

①主要用于菜点装饰，作为盘饰使用。
②作为整个雕刻作品中的一部分，与其他雕刻作品搭配使用。如图2.5所示。

2.2.5　简易尖形五瓣花雕刻知识的延伸

1）简易圆形三瓣花的雕刻
如图2.14～图2.17所示。

图2.14　　　　　　图2.15　　　　　　图2.16　　　　　　图2.17

2）简易五瓣花雕刻造型艺术在艺术拼盘和食品雕刻中的运用

如图2.18～图2.20所示。

图2.18   图2.19   图2.20

3）花卉雕刻造型艺术在菜点制作中的运用

如图2.21～图2.26所示。

图2.21   图2.22   图2.23

图2.24   图2.25   图2.26

思考与练习

1.雕刻刀具是否锋利，对雕花有何影响？

2.雕刻时，在安全操作规范上要注意哪些方面？

3.利用其他原料雕刻简易三瓣花、简易五瓣花。

図2.27　简易尖瓣五角花

2.3.1　简易尖瓣五角花雕刻过程

这是一种用戳刀快速雕刻简易五角花的方法。花的结构和制作过程都比较简单。雕刻时，要重点体会雕刻的刀法（戳刀法）和手法（笔式握刀手法），以及手、眼、原料、刀具的相互配合。

1）主要原材料

南瓜、心里美萝卜等。

2）雕刻工具

平口主刀、V形戳刀、502胶水。

3）主要雕刻刀法

戳刀法。

4）制作步骤

| 图2.28 | 图2.29 | 图2.30 | 图2.31 |

| 图2.32 | 图2.33 | 图2.34 | 图2.35 |

①用笔将南瓜或心里美萝卜中心的表面分成5份。如图2.28所示。

②用V形戳刀对着中心点，斜着直戳，形成一个V形的槽。如图2.29所示。

③戳刀退后一线，顺着V形槽直戳，形成一个V形的花瓣。如图2.30所示。

④将5个花瓣雕刻好，再用主刀把它完整地取出来。如图2.31所示。

⑤用主刀把花瓣的形状修整一下，使其更加美观。如图2.32所示。

⑥用戳刀戳出丝状的花蕊，并粘在相应的位置上。如图2.33所示。

⑦用绿色心里美萝卜皮刻出花萼，并用502胶水粘在简易五瓣花的底部。如图2.34和图2.35所示。

⑧用清水浸泡待用。

2.3.2　成品要求

①整体完整，形状自然美观，色彩鲜艳。

②花瓣上部薄，根部稍厚，5个花瓣底部自然地连在一起。

③花瓣厚薄适中，平整光滑，边缘整齐、无毛边，完整无缺。

2.3.3　操作要领

①V形戳刀刀口必须锋利，可选用型号大一点的。

②戳花瓣时，第一个V形槽不要戳得太深、太大。

③用戳刀戳起花瓣时，用力要稳，不要戳破花瓣的形状。

④戳刀快到底部时要收刀，不要把花瓣戳下来。

⑤用主刀戳取花瓣时，要注意刀尖的位置和深浅，防止取不下来或破坏花的完整性。

2.3.4　简易尖瓣五角花的运用

①主要用于菜点的装饰中，作为盘饰使用。如图2.36所示。

②作为整个雕刻作品中的一部分，与其他雕刻作品搭配使用。如图2.37所示。

图2.36　　　　　　　　　　　　　　　　　图2.37

2.3.5　简易尖瓣五角花雕刻知识延伸

1）简易圆瓣五角花的雕刻

如图2.38～图2.45所示。

图2.38　　　　　　　图2.39　　　　　　　图2.40　　　　　　　图2.41

图2.42　　　　　　　图2.43　　　　　　　图2.44　　　　　　　图2.45

2）简易尖瓣五角花雕刻造型艺术在雕刻及艺术冷拼制作过程中的运用

如图2.46～图2.51所示。

图2.46　　　　　　　　　　图2.47　　　　　　　　　　图2.48

图2.49　　　　　　　　　　图2.50　　　　　　　　　　图2.51

 思考与练习

1.简易五角花雕刻的要领有哪些?

2.雕刻时出现花瓣不平整、有毛边是哪些原因造成的?

3.利用其他原料雕刻简易五角花。

任务4　简易花卉雕刻实例——简易番茄花

图2.52

2.4.1　简易番茄花雕刻过程

　　这是一种用雕刻主刀快速雕刻花卉的方法。花的结构和制作过程都比较简单,雕刻时,要重点体会雕刻的刀法(旋刀法)和手法(横握刀手法),以及手、眼、原料、刀具的相互配合。旋刀法是一种用途很广的刀法,使用起来有一定的难度,需要通过大量的练习才能提高和掌握。

　　1)主要原材料

　　西红柿。

　　2)雕刻工具

　　平口主刀。

　　3)主要雕刻刀法

　　旋刀法。

　　4)制作步骤

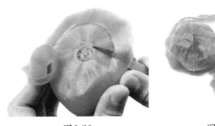

图2.53　　　　　　　　　　图2.54　　　　　　　　　图2.55

图2.56　　　　　　　　　　图2.57　　　　　　　　　图2.58

①用主刀从番茄的中心开始，紧贴其表面完整地旋刻出长片状的番茄皮。如图2.53和图2.54所示。

②先用番茄皮卷出花蕊，然后围着花蕊把番茄皮一圈一圈地卷起来。如图2.55～图2.57所示。

③在卷好的番茄花旁边配几片雕刻好的叶子作点缀。如图2.58所示。

2.4.2　成品要求

①色彩艳丽，花形自然、美观。

②花蕊要呈含苞待放状。

③花瓣厚薄适当，边沿薄处呈不规则的形状。

2.4.3　操作要领

①雕刻主刀要求锋利。

②用于雕刻的番茄要求色彩鲜艳，硬度要大一点的。

③番茄皮的宽度在2厘米以上，并且只用番茄的表皮。

④如果需要的花形比较大，但原料不够，可以多用一个番茄。

⑤做好后的番茄花在使用时最好配绿色的叶子。

2.4.4　简易番茄花的运用

主要用于菜点的装饰中，作为盘饰使用。如图2.59所示。

图2.59

2.4.5　简易番茄花雕刻知识的延伸

①合理利用原材料，做到物尽其用，养成良好的职业道德和行为习惯。

②简易番茄花雕刻造型艺术在烹饪中的运用。如图2.60和图2.61所示。

图2.60

图2.61

1. 雕刻主刀是否锋利，对雕刻番茄花有何影响？
2. 雕刻番茄花后剩下的番茄可以用在哪些菜肴的制作中？
3. 除了番茄，还有哪些原料可以采用这种方法雕刻制作简易花卉？

任务5 实用整雕类花卉的雕刻——大丽花

整雕类花卉的雕刻是学习食品雕刻中必须重点掌握的内容，也是学习、提高食品雕刻技艺的关键。特别是通过学习，可以熟练掌握食品雕刻中各种刀法和手法，为食品雕刻技艺的发展和提高打下坚实的基础。俗话说："雕得好花，不一定雕得好其他作品。但是雕不好花，肯定雕不好其他作品。"这话是有道理的。这说明，花卉的雕刻是学习食品雕刻的根本和基础。整雕类花卉在花卉雕刻中是比较复杂的，难度也是比较大的，对于初学者而言更是如此。

在食品雕刻中，花卉雕刻的种类非常多，形态各异，雕刻的方法和技巧也不尽相同。本节雕刻学习内容的选择主要是从这几个方面考虑的：首先是日常所见，比较熟悉的花卉。其次是花形漂亮、美观，应用广泛，易于雕刻的花卉。再次是在雕刻的刀法和手法上有典型性，制作方法有一定代表性的花卉。通过这些花卉的雕刻学习，往往能够达到举一反三、触类旁通的学习效果。

图2.62

图2.63

图2.64

2.5.1 大丽花相关知识介绍

大丽花又叫大丽菊、天竺牡丹、苔牡丹、地瓜花、大理花、西番莲和洋菊等。目前，大丽花在世界多数国家都有栽植，是庭园中的常客。大丽花是墨西哥的国花，西雅图的市花，吉林省的省花，河北省张家口市的市花。据统计，大丽花的品种已超过3万种，是世界上品种最多的花卉之一。大丽花花期长，春夏季陆续开花，越夏后再度开花，霜降时凋谢。通常，每朵花可持续开放1个月，花期持续半年。大丽花在我国南方5—11月开放。从花形看，大丽花有菊形、莲形、芍药形、蟹爪形等。大丽花的花色、花形繁多，有红、黄、橙、紫、白等色，绚丽多姿，惹人喜爱。大丽花象征大方、富丽、大吉大利。

在食品雕刻中，根据大丽花花瓣的形状主要分为尖瓣大丽花和圆瓣大丽花。大丽花的整体呈半球形。雕刻刀法主要采用戳刀法。

2.5.2 大丽花 （尖瓣大丽花） 的雕刻过程

图2.65

1）主要原材料

心里美萝卜、胡萝卜、南瓜等。

2）雕刻工具

雕刻主刀、V形戳刀、大号U形戳刀。

3）制作步骤

（1）制花坯

将心里美萝卜切开呈半球体，去掉表皮并修整光滑。如图2.66所示。

（2）雕刻出花蕊

①用大号U形戳刀在半球体顶部中心的位置戳出一个深1厘米的圆柱，并将圆柱周围的原料去掉一层，留做花蕊。如图2.67所示。

②将圆柱体顶端切掉一截，将顶部修成馒头形，用V形戳刀在顶部戳出向里倾斜的小花瓣。如图2.68和图2.69所示。

（3）雕刻第一层花瓣

①用V形戳刀在离花蕊5毫米远的位置，斜着戳进。待戳刀与花蕊相交后，即掉下一块三角形的废料，形成一个V形的花瓣槽。然后，用同样的方法戳出一圈的花瓣槽。如图2.70所示。

②用V形戳刀从V形花瓣槽边，后退一线的地方进刀，顺着花瓣槽的方向戳到花蕊的位

置，收刀后形成第一个花瓣。采用这种方法戳出剩下的花瓣。如图2.70所示。

（4）雕刻第二层花瓣

①用雕刻主刀在第一层花瓣的下边去掉一圈料，使第一层花瓣凸现出来一部分。如图2.71所示。

②用V形戳刀在第一层的两个花瓣的中间位置戳去废料，然后再戳出花瓣。如图2.72所示。

（5）雕刻出其他花瓣

采用以上步骤和方法雕刻出第三层、第四层、第五层……花瓣，直到把半球形的花坯雕完。如图2.73～图2.77所示。

（6）浸泡待用

将雕刻完成的大丽花用清水浸泡待用。

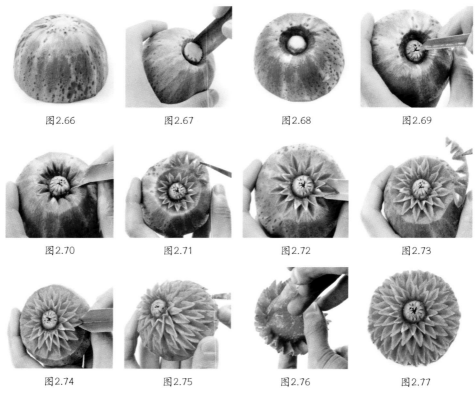

图2.66　　　　　　图2.67　　　　　　图2.68　　　　　　图2.69

图2.70　　　　　　图2.71　　　　　　图2.72　　　　　　图2.73

图2.74　　　　　　图2.75　　　　　　图2.76　　　　　　图2.77

2.5.3　成品要求

①花形整体呈半球形，形状自然、美观。

②花瓣大小、长短有所变化，过渡自然。

③花蕊大小适当，一般不要超过第一层的高度。

④花瓣厚薄均匀、完整，无残缺，无毛边。

⑤废料去除干净，无残留。

2.5.4　操作要领

①戳刀要保证锋利，否则戳的时候力度不好控制，花瓣也容易出现毛边。

②花瓣的大小可以通过戳刀进刀的深浅来控制，不一定换戳刀。

③花瓣排列时，一定要正对着花蕊的方向。

④在雕刻第四层、第五层时，可以适当增加每层花瓣的数量。

⑤修整花坯大形的时候一定要使其呈半球形。

⑥为了使大丽花更加美观，在原料修整去皮时最好留一点心里美萝卜的绿皮。

2.5.5 大丽花的应用

大丽花主要用于菜点的装饰，作为盘饰使用。如图2.78所示。

图2.78

2.5.6 大丽花雕刻知识延伸

大丽花造型在冷拼中的应用如图2.79～图2.85所示。

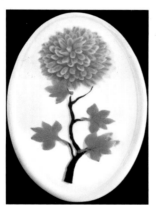

图2.79

图2.80

图2.81

图2.82

图2.83

图2.84

图2.85

思考与练习

1.用其他不同颜色的原料雕刻大丽花。

2.用U形戳刀戳一朵圆瓣大丽花。

任务6 **实用整雕类花卉的雕刻——直瓣菊花**

图2.86

图2.87

图2.88

2.6.1 菊花相关知识介绍

菊花，又称寿客、金英、黄花、秋菊、陶菊、艺菊，是名贵的观赏花卉，品种多达3 000余种。菊花是中国十大名花之一，在中国有3 000多年的栽培历史。中国人极爱菊花，从宋朝起民间就有一年一度的菊花盛会。菊花被赋予了吉祥、长寿的含义，有清净、高洁、我爱你、真情、令人怀恋、品格高尚的意思。中国历代诗人画家，以菊花为题材吟诗作画众多，出现了大量的文学艺术作品，流传久远。菊花色彩丰富，有红、黄、白、墨、紫、绿、橙、粉、棕、雪青、淡绿色等。菊花的花形各不相同，有扁形，有球形；有长絮，有短絮，有平絮，有卷絮；有空心，有实心；有挺直的，有下垂的……式样繁多、品种复杂。

菊花有一定的食用价值，早在战国时期就有人食用新鲜的菊花。但不是所有的菊花都能食用，食用菊又叫真菊。唐宋时期，就有服用芳香植物而使身体散发香气的记载。如今，在一些发达国家，吃花已十分盛行，在我国的北京、天津、南京、广州、香港等地，吃花也日渐成为时尚。在《神农本草经》中，将菊花列为药之上品，认为"久服利血气，轻身耐老延年"。

菊花是我国常用中药，具有疏风、清热、明目、解毒、预防高血脂、抗菌、抗病毒、抗炎、抗衰老等多种功效。现代药理研究表明，菊花可以治疗头痛、眩晕、目赤、心胸烦热、疔疮、肿毒、冠心病、降低血压、风热感冒、眼目昏花等症。

　　在食品雕刻中，菊花雕刻的品种很多，主要是根据花瓣形状和雕刻所用原材料来给所雕刻的菊花命名。比如，大葱作为雕刻原料的菊花叫大葱菊，菊花花瓣像螃蟹脚的叫蟹爪菊。其中，最基本、最基础、最有代表性的，就是直瓣菊花和白菜菊花。

　　直瓣菊花是菊花雕刻的基础，其他菊花雕刻大多数都是由直瓣菊花的雕刻方法变化而来。其主要区别在于原料不同，花瓣的形状不同，但基本的雕刻步骤、方法、刀法和手法是一样的。

图2.89　直瓣菊花

2.6.2　直瓣菊花的雕刻过程

　　1）主要原材料

　　心里美萝卜、白萝卜、南瓜等。

　　2）雕刻工具

　　雕刻主刀、U形戳刀。

　　3）制作步骤

　　①做成花坯。先将原料用雕刻主刀修整成一个椭圆球形，然后在椭圆形的一端平切掉一块料。如图2.90和图2.91所示。

　　②雕刻第一层花瓣。

　　A. 用直戳刀法将U形戳刀在原料的表面戳出直条形的菊花花瓣。如图2.92所示。

　　B. 采用相同的刀法戳出第一层花瓣，花瓣之间留一个花瓣的间隔，花瓣的根部要紧挨着。如图2.93所示。

　　③去废料。用主刀从下往上顺着原料的弧度把雕刻一层花瓣时留下的凹槽削平，为雕刻二层花瓣打好基础。如图2.94～图2.96所示。

　　④雕刻第二层花瓣。雕刻方法与雕刻第一层时的一样，只是把花瓣雕刻得稍短一些。如图2.97和图2.98所示。

　　⑤用同样的雕刻方法雕刻出余下各层花瓣，花瓣的长度逐渐变短。

　　⑥雕刻出花蕊。

　　第一，将花蕊料修整成近似圆球的形状。如图2.99所示。

　　第二，用U形戳刀戳出花蕊部分的花瓣，花瓣要有内弯的弧度。如图2.100和图

2.101所示。

⑦用清水浸泡待用。

| 图2.90 | 图2.91 | 图2.92 | 图2.93 |

| 图2.94 | 图2.95 | 图2.96 | 图2.97 |

| 图2.98 | 图2.99 | 图2.100 | 图2.101 |

2.6.3　成品要求

①花形完整、自然、美观，不抽薹，整体效果好。

②花瓣呈直条状，粗细均匀、完整、无毛边。

③花蕊大小适当，呈丝状包裹，中空而不实。

④废料去除干净，无残留。

⑤层与层之间花瓣长短变化过渡自然。

2.6.4　操作要领

①戳刀要选刀口锋利、槽口深点的。

②用U形戳刀戳花瓣时，握刀要稳，用力要均匀。

③菊花花瓣根部应稍粗一点，可以在戳刀快到花瓣底部时把戳刀的后部往上抬一下。

④用主刀去废料时，一定要去到花瓣的根部。刀尖不能伤到前边的花瓣，否则花瓣容易断掉。

⑤注意每层花瓣的角度变化，靠近花蕊的花瓣要短一点，花瓣间隔要密一点。

⑥菊花用清水浸泡后可以用手整理一下大形，使菊花整体效果更好。

2.6.5 菊花雕刻成品的应用

①主要用于菜点的装饰。如图2.102所示。

②在主题雕刻看盘中作为整个作品的一部分。如图2.103所示。

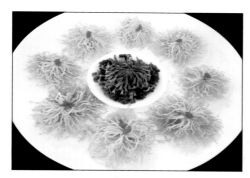

图2.102

图2.103

2.6.6 菊花雕刻知识延伸

①菊花雕刻造型艺术在菜点制作过程中的应用。如图2.104~图2.111所示。

②用V形或U形戳刀雕刻S形、C形、爪形花瓣的菊花。

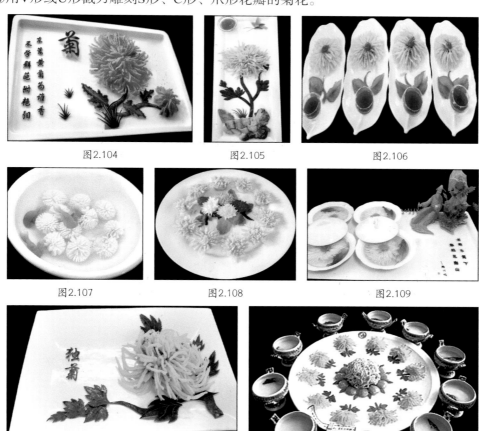

图2.104

图2.105

图2.106

图2.107

图2.108

图2.109

图2.110

图2.111

思考与练习

1．影响菊花花瓣粗细、平整的因素有哪些？应怎样处理？

2．利用其他原料雕刻S形、C形、爪形花瓣的菊花。

任务7　实用整雕类花卉的雕刻——白菜菊花

白菜菊花是利用雕刻原料——大白菜丝，经水浸泡后会膨胀变形的特性来雕刻的，在菊花雕刻中是一种非常特别的雕刻技法，体现了食品雕刻的独特魅力。在食品雕刻的原料中，还有很多原材料都有这种特性，如油菜、大葱、蒜苗、芹菜等。

2.7.1　白菜菊花的雕刻过程

1）主要原材料

大白菜。

2）雕刻工具

雕刻主刀、U形戳刀。

3）制作步骤

图2.112　　　　　　　图2.113　　　　　　　图2.114

图2.115　　　　　　　图2.116　　　　　　　图2.117

图2.118　　　　　　　图2.119　　　　　　　图2.120

①选一棵散芯大白菜，切一段8厘米左右的白菜头，作为雕刻的原料。如图2.112所示。

②用U形戳刀在每个白菜帮的表皮上戳数条长条状的花瓣，然后将余料拽下来。如图2.113～图2.115所示。

③用以上的方法戳出第一、第二、第三层花瓣。每雕刻完一层就要把原料切短一点，使花瓣一层比一层短。如图2.116所示。

④戳花蕊部分时，可以在原料的里边戳，这样花瓣会朝里边弯曲。如图2.117所示。

⑤将雕刻好的白菜菊花放入清水中浸泡，待花瓣吸水膨胀弯曲就可以了。如图2.118～图2.120所示。

2.7.2　成品要求

①花形完整、自然、美观，整体效果好。

②花瓣呈直条状翻卷，粗细均匀、完整，无毛边。

③花蕊大小适当，呈丝条状包裹。

④废料去除干净，无残留。

⑤花瓣层与层之间的长短变化过渡自然。

2.7.3　操作要领

①戳刀应选刀口锋利、槽口深点的。

②用U形戳刀戳花瓣时握刀要稳，用力要均匀。

③戳花瓣时，每一刀都要戳到白菜的根上，并且花瓣的根部要挨着，这样容易去废料。

④花瓣根部要稍粗一点，可以在戳刀快到花瓣底部时把戳刀的后部往上抬一下。

⑤去废料时，手可以从左向右用力，把花瓣拽掉。

⑥戳花瓣时，尽量不要戳到白菜筋，否则会影响花瓣的弯曲度。了解了这个原理后，在雕刻时就可以根据情况，灵活地掌握和控制。

⑦注意花蕊的大小、高矮。靠近花蕊的花瓣要短一点，花瓣间隔要紧密一点。

⑧白菜菊花用清水浸泡的时间不要太长，否则花瓣会弯曲过度，影响整体效果。

2.7.4　白菜菊花的应用

主要用于菜点的装饰中。如图2.121所示。

图2.121

2.7.5　主题知识延伸

①用芹菜雕刻菊花。如图2.122所示。

②白菜菊花雕刻知识在艺术冷拼制作中的运用。如图2.123～图2.125所示。

图2.122   图2.123

图2.124   图2.125

思考与练习

1.怎样才能使白菜菊花的花瓣弯曲自然适度？

2.利用西芹、大葱雕刻菊花。

任务8   实用整雕类花卉的雕刻——月季花

图2.126   图2.127   图2.128

2.8.1   月季花相关知识

月季花别名月月红、四季花、胜春、月贵红，月贵花、月记、月月开、长春花、月月花、四季春等。月季花被誉为"花中皇后"，是中国十大名花之一。自然花期5—11月，花期长达半年。月季花种类繁多，花色、花形各异。月季花象征和平友爱、四季平安等。月季花是用来表达人们关爱、友谊、欢庆与祝贺的最通用的花卉。月季花花香悠远，还可提取香料。月季花根、叶、花均可入药，具有活血消肿、消炎解毒的功效。

月季花是食品雕刻中最重要的花卉雕刻。月季花雕刻是花卉雕刻的基础。因此，能雕刻好月季花就能很容易雕刻好其他花卉。在食品雕刻中，月季花主要有两种雕刻方法，即三瓣月季花和五瓣月季花。其中，三瓣月季花的雕刻难度要大一些。月季花花瓣为圆形，但是花瓣在开放的时候其边上会自然翻卷，看上去就像桃尖形。因此，在食品雕刻中，月季花瓣的形状都雕刻成桃尖形，这样的处理方法使月季花更加生动、逼真。

图2.129　三瓣月季花

图2.130　四季平安

图2.131　五瓣月季花

2.8.2　五瓣月季花雕刻过程

1）主要原料

心里美萝卜、紫菜头、胡萝卜、白萝卜、青萝卜、土豆、南瓜等。

2）雕刻工具

平口雕刻刀。

3）制作步骤

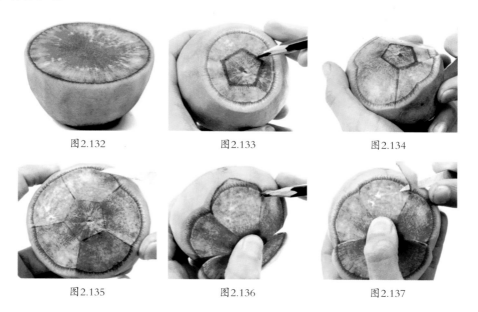

图2.132　　　　　　　　　图2.133　　　　　　　　　图2.134

图2.135　　　　　　　　　图2.136　　　　　　　　　图2.137

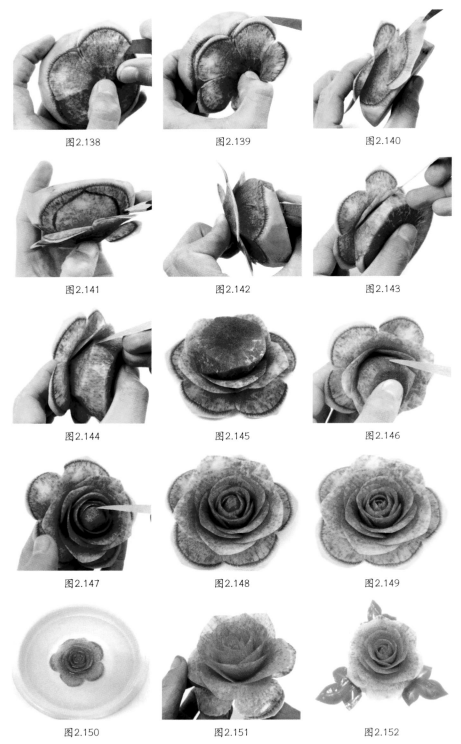

图2.138　　　　　　　图2.139　　　　　　　图2.140

图2.141　　　　　　　图2.142　　　　　　　图2.143

图2.144　　　　　　　图2.145　　　　　　　图2.146

图2.147　　　　　　　图2.148　　　　　　　图2.149

图2.150　　　　　　　图2.151　　　　　　　图2.152

（1）雕刻花坯

将心里美萝卜对半切开，用刀修整一下，使其呈碗形，上下端各一个平面。原料越规整越便于雕刻。如图2.132所示。

（2）雕刻第一层花瓣

①在原料一端的平面上确定一个中心点，以这个点为中心画出一个正五边形。如图2.133所示。

②以正五边形的一边作为第一层第一个花瓣的起刀处，采用刻刀法直刀斜刻，去废料后形成一个扇面形的平面。如图2.134和图2.135所示。

③用平口刀把扇面形的面修成桃尖形的面，作为花瓣的形状。如图2.136和图2.137所示。

④用平口刀从上往下运刀直刻，使花瓣从花坯上分离。花瓣上边薄，根部稍厚。如图2.138所示。

⑤采用以上刀法和手法雕刻出余下4个花瓣，完成第一层雕刻。雕刻好后，花瓣呈向外翻卷的形状。如图2.139所示。

（3）雕刻第二层花瓣

第二层花瓣采用旋刀法进行雕刻。第二层花瓣的位置和前一层花瓣的位置要错开，就是在前一层的两个花瓣之间，同时，相邻的两个花瓣有约1/2的部位重叠。

①确定第二层花瓣的位置。

②去废料：采用旋刀法把雕刻前一层花瓣时留下的两个花瓣之间的棱角修掉，使其呈一个带有一定弧度的平面，要求面平整光滑。如图2.140所示。

③刻出第二层花瓣的形状，然后采用旋刀法使花瓣从原料上分开。如图2.141～图2.143所示。

④雕刻出第二层余下的花瓣。如图2.144和图2.145所示。

（4）雕刻第三层花瓣

采用雕刻第二层的方法和刀法雕刻出第三层花瓣。注意去废料的角度，这层花瓣要立起来，和水平呈85°左右。如图2.146所示。

（5）雕刻第四层花瓣及花蕊（花苞）

一般情况下，第四层开始收花蕊。重复前面花瓣的雕刻方法，往里面雕刻。越往里雕，刀与原料的角度应越小，刀尖逐渐向外，刀跟向内。花瓣与花瓣之间重叠包裹，形成花苞。如图2.147～图2.149所示。

（6）整体修整、造型

雕刻完花蕊，月季花就雕刻完成了。为了达到最佳的效果，必须把雕好的花放入清水中浸泡片刻，然后拿出来，用手指将花瓣稍往外翻，然后再放入水中浸泡一会儿，使其呈现出外层花瓣盛开，而花蕊含苞待放的效果。如图2.150～图2.152所示。

2.8.3 成品要求

①整体形态生动、逼真、美观大方，呈含苞待放状。

②花瓣层次分明、平整、光滑、厚薄均匀、完整无缺、无毛边。

③废料去除干净，无残留。

④花蕊高度适当，大小适当。

2.8.4　操作要领

①重视雕刻的基本功训练，刀法要熟练，雕刻出的花瓣才能平整、光滑、厚薄适中。

②花瓣为桃尖形，边缘要平整，无毛边，花瓣上部薄下部稍厚。

③控制好花蕊的高度和大小，雕刻出的月季花外层花瓣应盛开，内层花瓣含苞待放。

④去废料时，要注意刀尖的深度和角度，否则废料可能去不掉，或者去不净。

⑤五瓣月季花第一、第二层雕刻5个花瓣。从第三层开始，花瓣可以减1个，也可以不分层、不分瓣。花瓣之间互相包围，相互围绕。

⑥月季花雕刻完成后，为了达到最佳的效果，应泡水，并整理。

2.8.5　月季花的应用

①单独使用时，大多作为冷菜、热菜、面点的装饰，起美化菜肴的作用。如图2.153～图2.156所示。

②和其他食品雕刻作品配合使用。

图2.153

图2.154

图2.155

图2.156

2.8.6　月季花雕刻知识的延伸

1）不同月季花的花语象征和代表的意义

①粉红色月季：初恋、优雅、高贵、感谢。

②红色月季：纯洁的爱、热恋、贞节、勇气。

③白色月季：尊敬、崇高、纯洁。

④橙黄色月季：富有青春气息、美丽。

⑤白色月季花：纯真、俭朴或赤子之心。

⑥黑色月季：有个性和创意。

⑦蓝紫色月季：珍贵、珍惜。

2）月季花雕刻造型艺术在艺术冷拼中的运用

如图2.157~图2.160所示。

图2.157

图2.158

图2.159

图2.160

3）三瓣月季花雕刻

如图2.161~图2.172所示。

图2.161

图2.162

图2.163

图2.164　　　　　　图2.165　　　　　　图2.166

图2.167　　　　　　图2.168　　　　　　图2.169

图2.170　　　　　　图2.171　　　　　　图2.172

思考与练习

1.影响月季花花瓣厚薄和平整度的因素有哪些？应该怎样避免？

2.用其他原料雕刻月季花。

任务9　实用整雕类花卉的雕刻——茶花

图2.173　　　　　　图2.174　　　　　　图2.175

2.9.1　茶花相关知识介绍

茶花，又名山茶花、耐冬花、曼陀罗等。茶花原产于我国西南，现世界各地普遍种植。茶花为中国传统名花，也是世界名花之一，是昆明、重庆、宁波、温州、金华等市的市花，云南省大理白族自治州的州花。茶花因其植株形姿优美，叶浓绿而有光泽、花形艳丽缤纷，而受到世界各国人民的喜爱。茶花具有"唯有山茶殊耐久，独能深月占春风"的傲然风骨，被赋予了可爱、谦逊、谨慎、美德、高尚等意义。茶花的花期较长，一般从10月开花，翌年5月终花，盛花期1—3月。茶花制成的养生花茶有治疗咯血、咳嗽等疗效。

茶花是食品雕刻中常见的花卉品种，是重点学习掌握的内容。茶花的雕刻和五瓣月季花的雕刻有联系，但是也有区别。其主要区别在于雕刻刀法和花瓣的形状以及花瓣位置排列等。五瓣月季花主要是用旋刀法雕刻，花瓣桃尖形，花瓣之间有重叠，也就是常说的"一瓣压一瓣"。茶花的花瓣形状为圆形，同层花瓣之间一般不重叠，只是在雕刻花蕊的时候采用旋刀法，花瓣间有少许重叠。另外，从花瓣大小比较，在相同的情况下，月季花花瓣要大一些。因此，在练习茶花雕刻的时候一定要把茶花的特征表现出来，否则两者之间区别不明显。

2.9.2　茶花雕刻过程

图2.176

1）主要原材料

心里美萝卜、圆白萝卜、胡萝卜、南瓜等。

2）主要雕刻工具

切刀、雕刻主刀。

3）制作步骤

①制花坯：将胡萝卜切开，用主刀将其修整成一个碗的形状。

②雕刻第一层花瓣。

第一，在原料一端的平面上确定一个中心点，如图2.177所示，并以点为中心画出一个正五边形。

第二，以正五边形的一边作为第一层第一个花瓣的起刀处，直刀斜刻，去废料后形成一个扇面形的平面。如图2.178所示。

第三，用平口刀把扇面形的面修成圆形的面，作为花瓣的形状。

第四，用平口刀从上往下运刀直刻，使花瓣从花坯上分离，要求花瓣上边薄根部稍厚。如图2.179所示。

第五，采用以上的刀法和手法雕刻出余下的4个花瓣，雕刻好后花瓣呈向外翻卷的形状。如图2.179所示。

③雕刻第二层花瓣。

第一，去废料：用主刀把花坯料直刀旋削去一圈废料，形成圆柱形料。如图2.180所示。

第二，在一层的两个花瓣之间的面上修整出圆形的花瓣。如图2.181~图2.183所示。

第三，雕刻出5个圆形的花瓣。如图2.184所示。

④雕刻第三层花瓣：雕刻的方法和要领与前面的雕法相同。如图2.185和图2.186所示。

⑤雕刻花蕊：茶花在食品雕刻中一般不用雕刻花蕊，而是采用月季花花蕊的雕刻方法和技巧雕刻出茶花的花蕊部分，并把茶花花蕊雕刻成花苞。如图2.187~图2.189所示。

⑥将雕刻好的茶花用清水浸泡，然后整理大形。如图2.190所示。

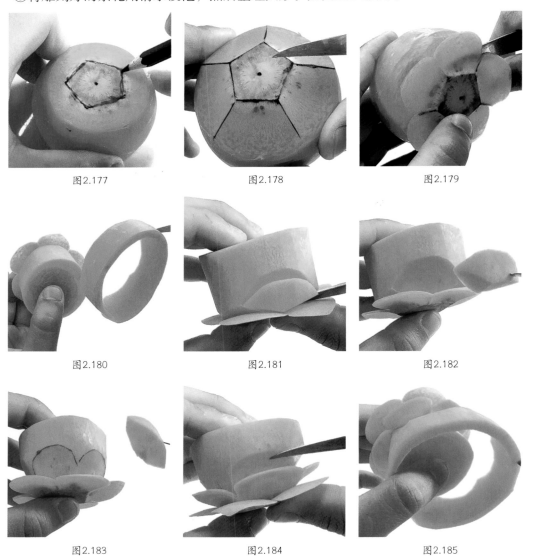

图2.177　　　　　　　　图2.178　　　　　　　　图2.179

图2.180　　　　　　　　图2.181　　　　　　　　图2.182

图2.183　　　　　　　　图2.184　　　　　　　　图2.185

图2.186   图2.187   图2.188

图2.189   图2.190   图2.191

2.9.3 成品要求

①整体效果好，花形完整、自然、美观。

②花瓣层次分明、平整、光滑、厚薄均匀、完整无缺、无毛边。

③废料去除干净，无残留。

④花蕊高度、大小适当，呈含苞待放的样子。

2.9.4 操作要领

①重视雕刻的基本功训练，雕刻刀法要熟练。

②花瓣为圆形，边缘要平整，无毛边。花瓣上部薄下部稍厚。

③控制好花蕊的高度和大小呈含苞待放状。

④去废料时，要注意刀尖的深度和角度。否则废料可能去不掉，或者去不净。

⑤茶花每层雕刻5个花瓣，但是花蕊部分的花瓣可以不分层、不分瓣。花瓣之间互相包围，相互围绕。

⑥茶花雕刻完成后，为了达到最佳的效果，应泡水，并整理。

2.9.5 茶花雕刻成品的应用

①单独使用时，大多作为冷菜、热菜、面点的装饰，起美化菜肴的作用。如图2.192所示。

②和其他雕刻作品搭配使用，起装饰、点缀、衬托的作用，使作品的艺术效果更加完

美。如图2.193所示。

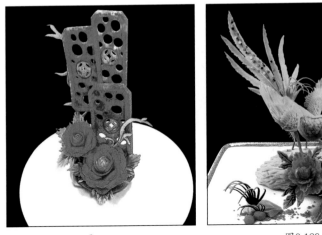

图2.192   图2.193

2.9.6 茶花雕刻技能知识的延伸

①茶花雕刻造型知识在菜点制作中的应用。如图2.194～图2.197所示。

图2.194   图2.195

图2.196   图2.197

②茶花雕刻造型知识在冷拼制作中的应用。如图2.198和图2.199所示。

图2.198

图2.199

 思考与练习

1. 茶花与月季花在雕刻方法上有哪些区别？
2. 茶花雕刻过程中的要领和技巧有哪些？

任务10　实用整雕类花卉的雕刻——荷花

图2.200

图2.201

图2.202

2.10.1　荷花相关知识介绍

荷花又名莲花、水芙蓉等，属多年生水生草本花卉。荷花地下茎长而肥厚、有长节，叶盾圆形。荷花种类很多，分观赏和食用两大类。荷花出淤泥而不染之品格一直为世人称颂，是中国的传统名花。

荷花花瓣颜色有白、粉、深红、淡紫色、黄色或间色等变化，雄蕊多数，雌蕊离生，埋藏于倒圆锥状海绵质花托内，花托表面有蜂窝状孔洞，后逐渐膨大称为莲蓬，每一孔洞内生一小坚果（莲子）。荷花每日晨开暮闭，花期6—9月，果熟期9—10月。

荷花一身都是宝，荷叶能清暑解热，莲梗能通气宽胸，莲瓣能治暑热烦渴，莲子能健脾止泻，莲心能清火安神，莲房能消瘀止血，藕节还有解酒毒的功用。自叶到茎，自花到果实，无一不可入药。

荷花是品德高尚的花，代表坚贞、纯洁、无邪、清正的品质，具有迎骄阳而不惧、出淤泥而不染的气质，在低调中显现出了高雅。荷花花叶清秀，花香四溢，沁人心脾，在人们心目中是真善美的化身，吉祥丰兴的预兆，是佛教中神圣净洁的名物，也是友谊的种子。此外，在中国传统文化中，经常以荷花作为和平、和谐、合作、合力、团结、联合、圆满等象征。

在食品雕刻中，荷花的雕刻难度比较大，其雕刻过程中使用了食品雕刻的多种刀法，对雕刻者的基本功要求比较高。特别是要把荷花花瓣的凹形效果表现出来，是雕刻好荷花的关键技巧。

2.10.2　荷花的雕刻过程

图2.203　7瓣5层荷花　　　　　　　　　　　图2.204　5瓣5层荷花

1）主要原材料

心里美萝卜、白萝卜、南瓜、青萝卜等。

2）雕刻工具

主刀、V形戳刀、U形戳刀、画笔。

3）制作步骤

（1）雕刻花坯

将心里美萝卜切去两头，使其形状像鼓的大形，并用笔在其中一个面上画一个正五边形。如图2.205所示。

（2）雕刻第一层花瓣

①从五边形的一边起刀，由下往上运刀，将原料雕刻成一个中间粗、两头细的五棱形。如图2.206所示。

②用主刀顺着五棱形的弧度雕刻出花瓣，并用刀尖雕刻出荷花花瓣的形状。如图2.207和图2.208所示。

③雕刻出余下的花瓣，并在原料的上边画出一个正五边形。如图2.209和图2.210所示。

（3）雕刻第二层花瓣

①以原料上五边形的一边作为起刀点，从上往下顺着五棱形的弧度刻出一个中间粗、两头细的五棱形，并且在五棱形的每个面上画出花瓣的形状。如图2.211和图2.212所示。

②采用第一层荷花花瓣的雕刻方法雕刻出第二层花瓣。如图2.213～图2.215所示。

（4）雕刻第三层花瓣

采用以上雕刻方法雕刻出第三层花瓣。如图2.216所示。

（5）雕刻荷花的莲蓬

①将三层花瓣后的原料修整成圆柱形。如图2.217和图2.218所示。

②将圆柱形料切掉1/2，用V形戳刀在圆柱上戳出一圈丝状的花蕊。如图2.219和图2.220所示。

③用主刀将丝状花蕊后面的凹状戳痕修掉，使圆柱上粗下稍细。如图2.221和图2.222所示。

④用刀将圆柱切掉一半的高度，将切面修整成中间高边上稍矮的形状。再用V形戳刀在边缘上戳一圈装饰线，将U形戳刀戳出装莲子的孔。最后用萝卜皮做莲子装入孔中。如图2.223～图2.225所示。

（6）浸泡、整理

将雕刻好的荷花用清水浸泡，并用手整理使其形状更加完美。如图2.226～图2.228所示。

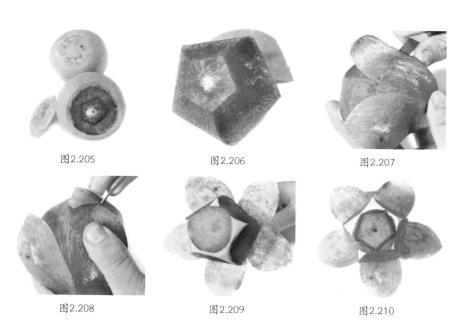

图2.205　　　　　　　　　图2.206　　　　　　　　　图2.207

图2.208　　　　　　　　　图2.209　　　　　　　　　图2.210

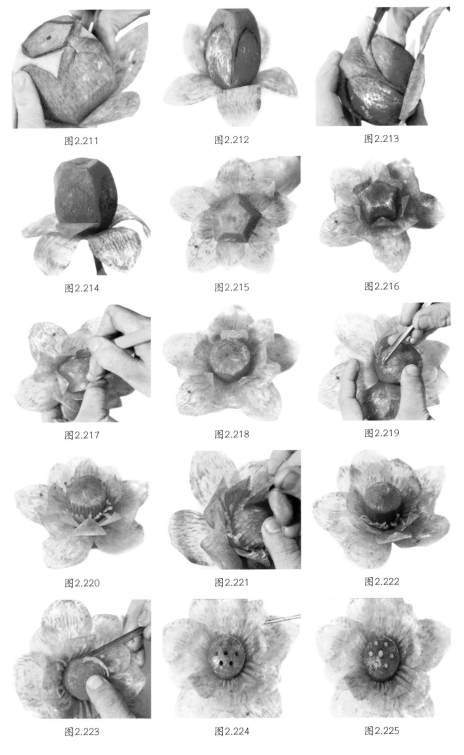

图2.211

图2.212

图2.213

图2.214

图2.215

图2.216

图2.217

图2.218

图2.219

图2.220

图2.221

图2.222

图2.223

图2.224

图2.225

图2.226   图2.227   图2.228

2.10.3 成品要求

①荷花整体完整无缺，无掉瓣，形态逼真、美观。

②花瓣厚薄适中、平整光滑、无毛边，花瓣中间呈凹下去的勺状。

③丝状花蕊粗细均匀、完整。

④莲蓬上大下小，中间高边缘低，莲子排列整齐对称。

2.10.4 操作要领

①雕刻花坯时，五棱形的中间粗，两头细，这样雕刻出的花瓣经水浸泡后，花瓣中间才会凹下去，形成勺状花瓣。

②荷花花瓣是比较长的桃尖形，雕刻时最好使用主刀的刀尖刻画，这样花瓣边缘非常整齐、好看。

③戳丝状花蕊的V形戳刀要选小且锋利的，丝状花蕊一定要偏细一点才好看。

④戳莲孔时先定中间的位置，然后再确定周围的，这样可使莲子容易排列整齐、好看。

⑤雕刻好的荷花一定要用清水浸泡，然后整理花形。

⑥荷花可以只雕刻两层花瓣就开始雕莲蓬，可使雕刻难度变小。

2.10.5 荷花雕刻成品的应用

①用于菜点的装饰。如图2.229和图2.230所示。

②与其他雕刻作品搭配使用。如图2.231～图2.234所示。

图2.229   图2.230   图2.231

图2.232

图2.233

图2.234

2.10.6 荷花雕刻知识的延伸

荷花雕刻造型艺术在烹饪中的运用如图2.235～图2.239所示。

图2.235 热菜

图2.236 面点

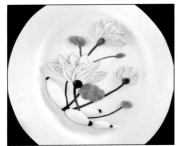
图2.237 热菜

图2.238 艺术冷拼

图2.239 艺术冷拼

思考与练习

1.采用哪些方法能使荷花花瓣的中间凹下去，形成勺状花瓣？

2.用其他原料雕刻荷花。

任务11 实用整雕类花卉的雕刻——牡丹花

图2.240　　　　　　　　　图2.241　　　　　　　　　图2.242

2.11.1　牡丹花相关知识介绍

牡丹又名木芍药、花王、富贵花等，原产于中国西部秦岭和大巴山一带山区，是我国特有的木本名贵花卉，特产花卉，有数千年的自然生长和两千多年的人工栽培历史。有关牡丹花的文化和艺术作品非常丰富。牡丹花以其花大、形美、色艳、香浓，为历代人们所称颂，素有"国色天香""花中之王"的美称，长期以来被人们当作富贵吉祥、繁荣兴旺的象征。牡丹花具有很高的观赏和药用价值。将牡丹的根加工制成"丹皮"，这是名贵的中草药，具有散淤血、清血、和血、止痛、通经之作用。另外，牡丹花还有降低血压、抗菌消炎之功效，久服可益身延寿。

牡丹以洛阳牡丹、菏泽牡丹最负盛名。花朵颜色众多，有红、白、粉、黄、紫、蓝、绿、黑及复色等。在现代科技进步的推动下，牡丹已实现四季开花，盛花期不断延长。

在食品雕刻中，牡丹花是一个重点学习的内容，在很多的雕刻作品中都有应用。牡丹花雕刻的原料和方法比较多，但是其雕刻的手法和技巧都是在月季花、茶花、大丽花、荷花等花卉雕刻的基础上变化而来的。其主要的区别就是花瓣的形状。牡丹花花瓣的形状大形近似元宝或祥云，边缘有波浪形的齿状花纹。在食品雕刻中，牡丹花花蕊部分一般不用来雕刻，而是用花瓣包裹形成含苞待放的花苞。牡丹花的雕刻方法比较多，但是都大同小异。因此，在学习过程中应注意前后雕刻知识的连贯运用。

2.11.2　牡丹花的雕刻过程

这是一种在五瓣月季花雕刻的基础上变化而来的牡丹花雕刻方法。主要的刀法和手法相似，最大的区别就是花瓣的形状：月季花的花瓣是桃尖形，牡丹花的花瓣形状是波浪形齿状。

图2.243

1）主要原材料

心里美萝卜、青萝卜、白萝卜、胡萝卜、南瓜、土豆、芋头、红薯等。

2）雕刻工具

雕刻主刀。

3）雕刻步骤

（1）雕刻花坯

将心里美萝卜对半切开，用刀修整一下，使其呈一个碗形，上下端各一个平面，与月季花的做法一样。

（2）雕刻第一层花瓣

①在原料一端的平面上确定一个中心点，并以这个点为中心画出一个正五边形。

②以正五边形的一边作为第一层第一个花瓣的起刀处，采用直刀斜刻，去废料后形成一个扇形的平面。如图2.244所示。

③用笔在扇形平面边缘画出波浪形的齿状面，作为牡丹花花瓣的形状，并用主刀刻出花瓣形状。

④用平口刀从上往下运刀直刻，使花瓣从原料上分离，要求花瓣上边薄根部稍厚。如图2.245所示。

⑤采用前面的方法和刀法雕刻出其余4个花瓣。这样第一层就雕刻完成了。雕刻好后，花瓣呈向外翻卷的形状。如图2.246所示。

（3）雕刻第二层花瓣

①第二层花瓣采用旋刀法进行雕刻。第二层花瓣的位置和前一层花瓣的位置要错开，并且相邻的两个花瓣有约1/2的位置重叠。

②确定第二层牡丹花瓣的位置，其花瓣位置的排列与五瓣月季花花瓣的位置排列相同。

③去废料：采用旋刀法将雕刻前一层花瓣时留下的两个花瓣之间的棱角修掉，使其呈带有一定弧度的平面，要求平面平整光滑。如图2.247所示。

④刻出第二层花瓣的形状，然后采用旋刀法使花瓣从原料上分开。如图2.248～图2.250所示。

（4）雕刻第三层花瓣

采用雕刻第二层的方法和刀法雕刻出第三层花瓣，注意去废料的角度变化。如图2.251所示。

（5）雕刻第四层花瓣及花蕊（花苞）

第四层开始收花蕊。重复前面花瓣的雕刻方法往里边雕刻。花瓣与花瓣之间重叠包裹，形成花苞。如图2.252～图2.254所示。

（6）整体修整、造型

雕刻完花蕊，牡丹花就雕刻完成了。为了达到最佳的效果，必须将雕好的花放入清水中浸泡片刻，然后拿出来，用手指将花瓣稍往外翻，然后再放入水中浸泡一会儿，使其整体呈现出外层花瓣盛开，而花蕊含苞待放的效果。如图2.255所示。

图2.244　　　　　　　图2.245　　　　　　　图2.246

图2.247　　　　　　　图2.248　　　　　　　图2.249

图2.250　　　　　　　图2.251　　　　　　　图2.252

图2.253　　　　　　　图2.254　　　　　　　图2.255

2.11.3　成品要求

①整体形态生动、逼真、美观大方，呈含苞待放的样子。

②花瓣形状美观、层次分明、平整光滑、厚薄均匀、完整无缺。

③废料去除干净，无残留。

④花蕊高度适当，大小适当。

2.11.4　操作要领

①重视雕刻基本功的训练，刀法要熟练，这样才能雕刻出平整、光滑、厚薄适中的花瓣。

②花瓣为波浪形的齿状，边缘要薄，形状自然，下部稍厚。

③控制好花蕊的高度和大小。牡丹花的花蕊要雕刻得偏大一点才好看，呈含苞待放状。

④去废料时要注意刀尖的深度和角度，否则废料可能去不掉，或者去不净。

⑤牡丹花一般不用雕刻花蕊，如要雕刻，就需要用其他原料单独雕刻好后安在花蕊的位置上。

⑥牡丹花雕刻完成后，为了达到最佳的效果，应泡水，并用手整理。

2.11.5 牡丹花的应用

①单独使用时，大多作为冷菜、热菜、面点的装饰。如图2.256所示。

②和其他的食品雕刻作品配合使用。如图2.257所示。

图2.256　盘饰

图2.257　主题食品雕刻——瓜果飘香

2.11.6 主题知识延伸

1）牡丹花雕刻造型技术在菜点制作中的运用

如图2.258～图2.263所示。

图2.258

图2.259

图2.260

图2.261

图2.262

图2.263

2）采用三瓣月季花雕刻的方法和技能雕刻牡丹花

这是一种在三瓣月季花雕刻的基础上变化而来的一种牡丹花雕刻方法，采用的雕刻刀法和雕刻手法相似。其最主要的区别一是花瓣的形状；二是刻花瓣形状和刻起花瓣一步完成。这样雕刻出来的花瓣边沿非常薄而且自然美观。整体雕刻完成后，形象生动、逼真、完美，可以达到以假乱真的效果。如图2.264～图2.272所示。

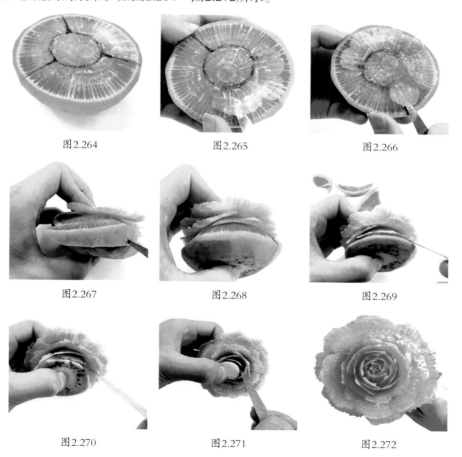

图2.264　　　　　　　　图2.265　　　　　　　　图2.266

图2.267　　　　　　　　图2.268　　　　　　　　图2.269

图2.270　　　　　　　　图2.271　　　　　　　　图2.272

思考与练习

1．牡丹花、五瓣月季花和荷花在雕刻方法上有哪些异同？

2．采用茶花的雕刻方法雕刻的牡丹花与采用月季花的雕刻方法雕刻的牡丹花各有哪些特点？

任务12 实用整雕类花卉的雕刻——玫瑰花

图2.273　　　　　　图2.274　　　　　　图2.275

2.12.1 玫瑰花相关知识介绍

玫瑰花又称徘徊花、刺玫花，原产于中国，栽培历史悠久。玫瑰花是"爱情之花"，长久以来象征着美丽和爱情。玫瑰花味极香，素有国香之称。鲜花芳香油含量很高，可提取高级香料玫瑰油。玫瑰油价格非常昂贵，故玫瑰有"金花"之称。芳香油可供食用，也可以当化妆品用。花瓣可以制饼馅、玫瑰酒、玫瑰糖浆等。玫瑰花每年5—6月开花。但是，在科技进步的推动下，玫瑰花已实现四季开花，盛花期不断延长。

中医认为，玫瑰花可利气、行血，治风痹，散疲止痛，理气解郁，和血散瘀。《食物本草》谓其"主利肺脾，益肝胆，食之芳香甘美，令人神爽"。其美容效果甚佳，能有效地清除自由基，消除色素沉着，令人焕发青春活力。

玫瑰花还被认为是爱情、和平、友谊、勇气和献身精神的化身。红色玫瑰花象征爱、爱情和勇气；淡粉色玫瑰传递赞同或赞美的信息；粉色玫瑰代表优雅和高贵的风度；深粉色玫瑰表示感谢；白色玫瑰象征纯洁；黄色玫瑰象征喜庆和快乐。

在食品雕刻中，玫瑰花的雕刻方法主要是在三瓣月季花雕刻的基础上进行变化的，特别是花蕊的雕刻。其主要的区别是：玫瑰花外层花瓣翻卷幅度大，花蕊部分比较大，而且花瓣间重叠多而紧密。花蕊花瓣的数量显得多而密，是玫瑰花雕刻与月季花雕刻最大的区别。玫瑰花的花瓣虽然是圆形的，但是在食品雕刻中一般都雕刻成桃尖形，这样显得更加美观、好看。

2.12.2　玫瑰花雕刻过程

图2.276

1）主要原材料

胡萝卜、心里美萝卜等。

2）雕刻工具

雕刻主刀、U形戳刀、拉刻刀、砂纸。

3）制作步骤

（1）雕刻花坯

将心里美萝卜切成5厘米长的段，用刀修整成酒杯形状，上粗下略细。如图2.277所示。

（2）雕刻第一层花瓣

①用U形戳刀或U形拉刻刀在花坯上戳出一U形凹槽，大小占1/3。如图2.278所示。

②先将凹槽下部修整光滑，用砂纸打磨光滑，然后用雕刻主刀刻出桃尖形状的花瓣，并把花瓣的边沿修整整齐，往外翻卷。如图2.279所示。

③用主刀紧贴花瓣插入花坯中旋刻出花瓣。如图2.280所示。

④采用以上方法雕刻出余下的两个花瓣，花瓣之间略有重叠。如图2.281和图2.282所示。

（3）雕刻第二层花瓣

采用雕刻第一层花瓣的方法雕刻第二层花瓣，注意花瓣的位置要错开。如图2.283～图2.285所示。

（4）雕刻花蕊

雕刻玫瑰花花蕊的方法和雕刻月季花花蕊的一样，只是玫瑰花的花苞比较大，花瓣间重叠多而紧密。如图2.286～图2.290所示。

（5）浸泡、待用

清水浸泡，整理待用。

图2.277

图2.278

图2.279

图2.280　　　　　　　　图2.281　　　　　　　　图2.282

图2.283　　　　　　　　图2.284　　　　　　　　图2.285

图2.286　　　　　　　　图2.287　　　　　　　　图2.288

图2.289　　　　　　　　　　　　图2.290

2.12.3　成品要求

①玫瑰花整体完整，呈酒杯形，形象逼真。

②花瓣完整，翻卷幅度大而明显，花瓣形状为桃尖形。

③花蕊大小适当，花瓣之间重叠有序，显得紧密。

2.12.4　操作要领

①U形戳刀要求大小合适，槽口深点。

②雕刻花坯时的大形要准确，应近似酒杯的形状。

③刻花瓣时要分步骤进行，防止损坏花瓣的完整性。

④花瓣要尽量翻卷，尽量显得薄。

⑤雕刻花蕊时，去废料的角度要小，尽量使花瓣的数量显得多而密。

2.12.5 玫瑰花的应用

①单独使用时，大多作为冷菜、热菜、面点的装饰，起到美化菜肴的效果。如图2.291和图2.292所示。

②和其他的食品雕刻作品配合使用。

图2.291   图2.292

2.12.6 玫瑰花雕刻知识的延伸

1）采用三瓣月季花雕刻方法雕刻玫瑰花

如图2.293～图2.304所示。

这种雕刻方法是利用作品雕刻完成后，原料本身具有一定的可塑性的特点来创作的。其整体雕刻难度比前一种玫瑰花的雕刻难度要低一些。在雕刻的刀法和手法上，采用了三瓣月季花的雕刻制作方法。雕刻过程中，要注意以下几个要领：

①第一层花瓣数量为3个，刻起花瓣时，花瓣边沿一定要薄，下面要厚，进刀深度不超过高度的1/3，如图2.294所示。这样有利于使花瓣形成向外翻卷的效果。

②雕刻第三层花瓣时，进刀的深度一定要深并且尽可能使花蕊部分的花瓣显得多而密。

③雕刻完成后，一定要用手对成品进行再次塑形，使花瓣边沿向外翻卷，从而达到最佳的艺术效果。

图2.293   图2.294   图2.295

图2.296　　　　　　　　图2.297　　　　　　　　图2.298

图2.299　　　　　　　　图2.300　　　　　　　　图2.301

图2.302　　　　　　　　图2.303　　　　　　　　图2.304

2）玫瑰花雕刻技能在热菜及艺术冷拼制作中的运用

玫瑰花雕刻技能在热菜及艺术冷拼制作中的运用如图2.305～图2.311所示。

图2.305　工艺热菜

图2.306　工艺热菜

图2.307

图2.308

图2.309

图2.310

图2.311

思考与练习

1.玫瑰花与其他花卉雕刻的区别有哪些？

2.雕刻玫瑰花时，应注意哪些要领？

任务13 **实用整雕类花卉的雕刻——马蹄莲**

图2.312

图2.313

图2.314

2.13.1 马蹄莲相关知识的介绍

马蹄莲又名慈姑花、水芋、观音莲，原产于非洲南部的河流或沼泽地中。马蹄莲分布在中国陕西、江苏、四川、云南等地。马蹄莲叶片翠绿，花苞片洁白硕大，宛如马蹄，形状奇特。叶柄长一般为叶长的2倍，叶卵形，鲜绿色。花蕊圆柱形，鲜黄色，自然花期3—8月。因马蹄莲有毒，严禁内服。

马蹄莲象征博爱、圣洁、虔诚、永恒、优雅、高贵、尊贵、希望等。

马蹄莲气质清新高雅，在食品雕刻中经常使用。马蹄莲是独瓣花，结构不复杂。花瓣形状呈心形或桃尖形。但是，要雕刻出马蹄莲平整光滑、自然翻卷的神韵，也是比较难的。整雕马蹄花更能显示出作者高超的雕刻技艺。

2.13.2 马蹄莲的雕刻过程

图2.315

1）主要原材料

土豆、香芋、长白萝卜、青萝卜等。

2）雕刻工具

雕刻主刀。

3）制作步骤

（1）雕刻花坯

①将长白萝卜的下部斜切一刀，切面为椭圆形，侧面近似三角形。如图2.316所示。

②先将原料的椭圆形切面刻成桃尖形，然后将原料的下部刻成锥形，并刻出向外翻卷的大形，再用砂子打磨平整。如图2.317～图2.321所示。

（2）刻起花瓣

①将花坯倒过来，用主刀尖贴着花瓣的边缘插进去，确定好厚薄后旋刻一圈，使花瓣上部从花坯上分开。

②用刀对准马蹄莲花托的位置进刀，以花托为点，绕着旋刻一圈，留下锥形料。注意不要把里边的锥形料刻下来了。如图2.322所示。

（3）雕刻柱形花蕊

如图2.323～图2.325所示。

①用主刀把里边的锥形料分四刀刻成一个四棱形，作为雕刻柱形花蕊的坯料。

②把四棱形的棱角去掉，修成条状柱形，并用刀把花瓣修平整，使其厚薄均匀，特别是花瓣的边缘要薄。注意不要把柱形花蕊刻掉了。

（4）清水浸泡，整理待用

浸泡几分钟后，取出用手把花瓣向外边翻，使其形状更加逼真。如图2.326和图2.327所示。

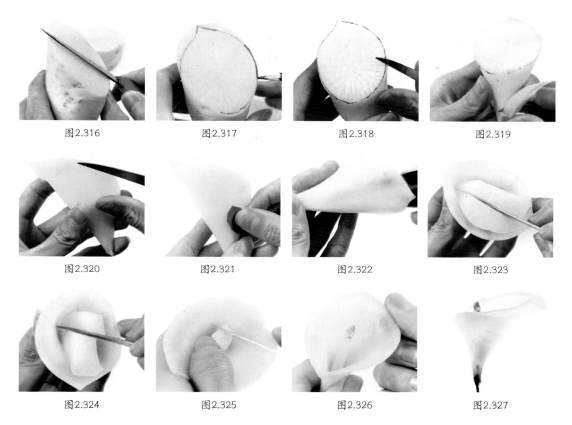

图2.316　　　　　　　图2.317　　　　　　　图2.318　　　　　　　图2.319

图2.320　　　　　　　图2.321　　　　　　　图2.322　　　　　　　图2.323

图2.324　　　　　　　图2.325　　　　　　　图2.326　　　　　　　图2.327

2.13.3　成品要求

①马蹄莲整雕完成，完整无缺，形状自然美观。

②花瓣厚薄合适，边缘翻卷，平整少刀痕。

③柱形花蕊长短、粗细恰当，呈条状柱形。

2.13.4　操作要领

①雕刻用主刀要求刀身尖而窄。

②雕刻马蹄莲大形时，要把花瓣边缘外翻的形状表现出来。

③雕刻花瓣必须分几步来完成，先刻花瓣的上部，然后把花瓣从花坯上分开。

④刻花蕊时，可用左手拇指把花蕊坯料托住，防止花蕊和花瓣分开。

⑤雕刻好马蹄莲之后，用手把花瓣往外翻压。如果效果不好，可以在马蹄莲的边沿抹点食盐，然后再用手翻卷花瓣。

⑥为了降低马蹄莲雕刻的难度，可以用其他颜色的原料单独雕刻柱头，然后安在花瓣内，效果也很好。

2.13.5 马蹄莲的应用

①单独使用时，大多作为冷菜、热菜、面点的装饰，起到美化菜肴的作用。如图2.328和图2.329所示。

②和其他食品雕刻作品配合使用。

图2.328

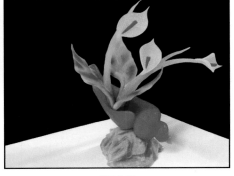
图2.329

2.13.6 主题知识延伸

1）用简易方法雕刻马蹄莲

用简易方法雕刻马蹄莲如图2.330～图2.335所示。

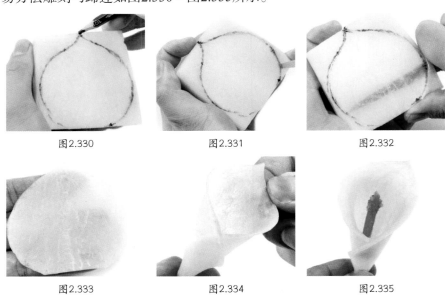

图2.330　　　　图2.331　　　　图2.332

图2.333　　　　图2.334　　　　图2.335

2）马蹄莲造型艺术在艺术拼盘和菜点制作中的运用

马蹄莲造型艺术在艺术拼盘和菜点制作中的运用如图2.336～图2.340所示。

图2.336　　　　　　　　　　　　图2.337

图2.338　　　　　　　　　　　　图2.339

图2.340

 思考与练习

1.雕刻马蹄莲时，运用难度大一点的雕刻方法对我们学习食品雕刻有哪些帮助？

2.整雕马蹄莲的雕刻要领有哪些？

任务14　实用组合雕类花卉的雕刻——牡丹花

　　组合雕花卉是在继承传统花卉雕刻技法的基础上，经过不断探索、创新而发展起来的一种花卉雕刻方法，是现在普遍采用的一种花卉雕刻方法。这种雕刻方法的好处是：作品形态逼真，造型灵活，色彩鲜艳，艺术表现力更强。

　　组合雕类花卉的雕刻过程是：先分别雕好花卉的各个部件，然后通过粘接组装成完整的

花卉作品。一件作品可以用一种原料雕刻，也可以用多种原料雕刻而成。比如，组合雕牡丹花就是先雕刻好花瓣，然后雕刻花蕊或花苞，最后组合成完整的牡丹花。

组合雕类花卉的雕刻过程中要使用一种特殊的工具——502胶水。这是一种化工产品，能使原料在几秒钟内粘牢。502胶水在食品雕刻中的应用在一定程度上促进了食品雕刻的发展，使食品雕刻无论是在原材料的使用上，还是雕刻造型的灵活多变上有了更多的选择和变化，也使食品雕刻的艺术表现力得到很大的提高。502胶水的使用原则是安全卫生，防止污染食品。

在这一部分雕刻学习的实例中，主要选取了在雕刻技法、造型手法上有一定代表性的几种组合雕类花卉。掌握了这几种组合雕类花卉的雕刻方法和手法，就能举一反三，雕刻出更多的组合雕类花卉。

图2.341

2.14.1 组合雕牡丹花的雕刻过程

1）主要原材料

南瓜、心里美萝卜、胡萝卜等。

2）雕刻工具

U形拉刻刀、U形戳刀、雕刻主刀、502胶水、砂纸等。

3）制作步骤

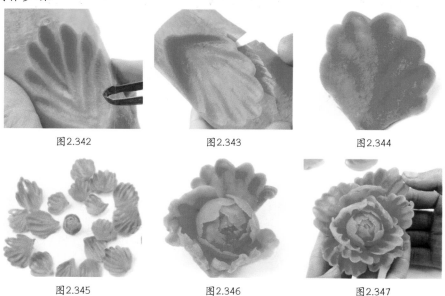

图2.342   图2.343   图2.344

图2.345   图2.346   图2.347

①雕刻外层牡丹花花瓣。

第一，胡萝卜去掉老皮，然后用大号U形拉刻刀或是大号O形拉刀拉刻出凹形的花瓣。如图2.342所示。

第二，用雕刻主刀把花瓣取下来，花瓣边沿呈波浪形。如图2.343和图2.344所示。

第三，采用相同的方法雕刻出余下的花瓣。如图2.345所示。

②雕刻牡丹花的花蕊部分：雕刻方法和整雕牡丹花的花蕊雕刻方法一样。如图2.346所示。

③将雕刻好的花瓣、花蕊由里到外依次用502胶水粘好，组成完整的牡丹花。如图2.347所示。

④雕刻好的牡丹花用清水浸泡，整理待用。如图2.347所示。

2.14.2　成品要求

①牡丹花整体完整、层次分明，造型自然、美观。

②花瓣形状自然美观，呈凹状翻卷，边缘为波浪形。

③花瓣完整无缺、厚薄适中、平整。

④花蕊呈含苞待放状，大小合适。

2.14.3　操作要领

①雕刻花瓣内侧时，不要把花瓣刻破了。

②花瓣边沿形状要求自然而不能太规则。

③牡丹花外层花瓣大，里层花瓣略小。

2.14.4　牡丹花的应用

①单独使用时，大多作为冷菜、热菜、面点的装饰，起美化菜肴的效果。

②和其他雕刻作品搭配使用，起装饰、点缀、衬托作用，使作品的艺术效果更加完美。如图2.348～图2.350所示。

图2.348　　　　　　　　　　图2.349　　　　　　　　　　图2.350

2.14.5 主题知识延伸

①牡丹花造型在冷拼制作中的运用。如图2.351～图2.354所示。

②牡丹花造型在热菜制作中的运用。如图2.355所示。

图2.351

图2.352

图2.353

图2.354

图2.355

 思 考 与 练 习

1.组合雕刻牡丹花与整雕类牡丹花各有什么特点？

2.组合雕刻牡丹花要注意哪些操作技巧？

任务15 实用组合雕类花卉的雕刻——菊花

图2.356

图2.357

2.15.1 组合雕刻菊花的雕刻过程

1）主要原材料

南瓜、心里美萝卜、胡萝卜等。

2）雕刻工具

V形拉刻刀、雕刻主刀、502胶水等。

3）制作步骤

①雕刻出菊花的花瓣。

第一，用雕刻主刀将胡萝卜刻出一个有一定弧度的凹面。如图2.358所示。

第二，用V形拉刀或六边形拉刻刀雕刻出两头稍细中间粗的船形花瓣。如图2.359～图2.363所示。

②将花瓣粘在花托上，组装成完整的菊花。如图2.364～图2.366所示。

③清水浸泡，整理待用。

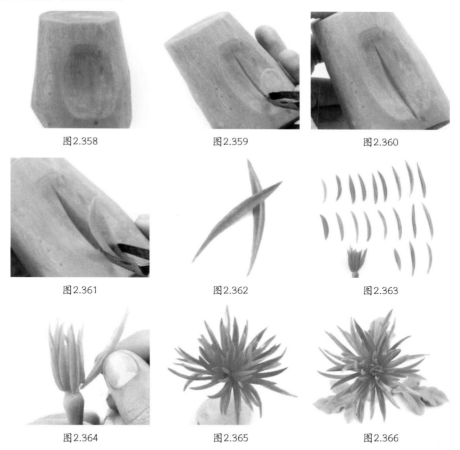

图2.358　　　　　　　　图2.359　　　　　　　　图2.360

图2.361　　　　　　　　图2.362　　　　　　　　图2.363

图2.364　　　　　　　　图2.365　　　　　　　　图2.366

2.15.2 成品要求

①菊花整体完整、层次分明，造型自然、美观。

②花瓣形状自然美观，呈凹状条形，边缘整齐无毛边。

③花瓣完整无缺，厚薄适中，平整。

2.15.3　操作要领

①雕刻刀具要锋利。

②拉刻菊花花瓣时，用力要均匀，握刀要稳。

③雕刻菊花花瓣时，注意长短变化。

④组装粘接花瓣时，花蕊的花瓣应短一些，外层花瓣应长一些。

⑤注意花托的形状，其近似一个倒葫芦形。如图2.347所示。

2.15.4　成品应用

①单独使用时，大多作为冷菜、热菜、面点的装饰，起装饰和美化菜肴的效果。

②和其他雕刻作品搭配使用。起装饰、点缀、衬托作用，使作品的艺术效果更加完美。如图2.367和图2.368所示。

图2.367　　　　　　　　　　　图2.368

2.15.5　主题知识延伸

菊花雕刻造型技术在菜点制作中的运用如图2.369～图2.374所示。

图2.369　　　　　　　图2.370　　　　　　　图2.371

图2.372

图2.373

图2.374

思考与练习

1. 组合雕刻菊花与整雕类菊花各有什么特点？

2. 组合雕刻菊花要注意哪些操作技巧？

3. 采用组合雕刻的方法利用其他原材料雕刻菊花。如图2.375所示。

图2.375

任务16　实用组合雕类花卉的雕刻——玫瑰花

图2.376

图2.377

2.16.1　组合雕玫瑰花雕刻过程

1）主要原材料

胡萝卜。

2）雕刻工具

雕刻主刀、U形戳刀、502胶水、水盆。

3）制作步骤

（1）雕刻出玫瑰花的花瓣

取一块原料，用刀雕刻出桃尖形的花瓣。如图2.378～图2.380所示。

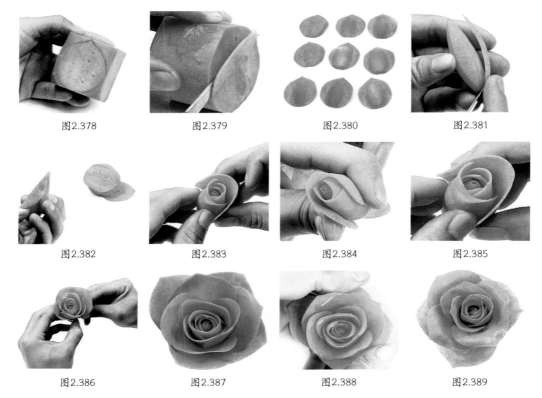

| 图2.378 | 图2.379 | 图2.380 | 图2.381 |

| 图2.382 | 图2.383 | 图2.384 | 图2.385 |

| 图2.386 | 图2.387 | 图2.388 | 图2.389 |

（2）雕刻出玫瑰花橄榄形的花蕊柱

如图2.381所示。

（3）粘接组装玫瑰花

①组装花蕊。如图2.382～图2.384所示。

②组装外层花瓣。如图2.385～图2.387所示。

（4）整理成型

将组装好的玫瑰花放入水中，给花瓣造型，做出翻卷的花瓣。如图2.388和图2.389所示。

2.16.2　成品要求

①整体完整，形状自然美观，色彩鲜艳。

②玫瑰花的花苞呈含苞待放状，大小、高矮适当。

③花瓣完整无缺，厚薄适中，翻卷自然美观。

2.16.3　操作要领

①雕刻花瓣时，要保证每个花瓣的完整性，并且要把花瓣雕刻得尽量薄一些。

②花瓣在组装前不要泡水。否则会变硬，从而影响玫瑰花的组装。

③粘接组装时，花蕊部分的花瓣应互相围绕、包裹，要显得紧密。

2.16.4　玫瑰花的应用

玫瑰花主要作为盘饰使用，也可与其他雕刻作品搭配使用。如图2.390和图2.391所示。

图2.390

图2.391

2.16.5　玫瑰花雕刻知识延伸

玫瑰花造型艺术在烹饪中的运用如图2.392～图2.395所示。

图2.392　艺术冷拼

图2.393　工艺热菜

图2.394　工艺冷拼

图2.395　工艺热菜

思考与练习

1.玫瑰花制作的要领有哪些？

2.有哪些原料适宜采用这种方法制作玫瑰花？

实用禽鸟雕刻

图3.1

图3.2

图3.3

　　鸟类是自然界常见的生物，是人类的朋友。目前，全世界为人所知的鸟类一共有9 000多种，我国已发现的鸟类有1 000多种，其中，有些鸟是中国特有的。鸟是两足、恒温、卵生的脊椎动物，身披羽毛，前肢演化成翅膀，有坚硬的喙。鸟的体形大小不一，既有很小的蜂鸟，也有巨大的鸵鸟。产于古巴的吸蜜蜂鸟的体长只有5厘米左右，其中，喙和尾部约占一半。吸蜜蜂鸟是世界上体形最小的鸟。目前，世界上体形最大的鸟是非洲鸵鸟。

　　禽鸟雕刻在食品雕刻中占据着举足轻重的地位，是食品雕刻中最常用和最爱用的一类雕刻题材，也是学习食品雕刻的必修内容。鸟类生性活泼，在食品雕刻中常以温、柔、雅、舒、闲、聪、伶等仪态出现，自古以来就深受人们的喜爱。由于鸟类大多数都有绚丽多彩的羽饰，婉转动听的歌喉，生动飞翔的姿态，而且寓意吉祥，体态多姿，线条优美，极富动感，因此在烹饪装饰艺术中用途广泛。

禽鸟雕刻的基础知识

图3.4

图3.5

图3.6

与花卉类雕刻相比，禽鸟类雕刻的结构更加复杂，造型变化更多，雕刻难度更大。但是，有些雕刻的刀法和手法是一样的。因此，在学习雕刻的过程中，往往会出现花卉雕刻学得好，学禽鸟雕刻就会进步快一些，雕刻得好一些。反之，学禽鸟雕刻就会慢一些，雕刻得差一些。这也充分说明，学习花卉雕刻是学习食品雕刻的入门基础。

禽鸟的种类多，外部形态也不完全相同，不同禽鸟的辨别主要是根据外形的差异变化来识别的，其最大的差别是在头、颈、尾这几个部位。而其他部位的差异很小，几乎是一样的，如翅膀、身体、羽毛结构等。正因为禽鸟类雕刻有这个特点和规律，所以在学习时一定要把鸟类的外形特征、基本结构搞懂，把基本形态的鸟类雕刻好，才能做到举一反三，甚至自行设计鸟类进行雕刻。

食品雕刻中的禽鸟绝大多数是自然界真实存在的。食品雕刻是一个艺术创造的过程，不是对原物体的简单复制。正因为如此，我们在雕刻的过程中，应该运用一些艺术加工的手法，如夸张、省略、概括等。要学会抓大形、抓特征、抓比例，懂得删繁就简。禽鸟重要的特征和特点，要抓住保留，并且还可以适当地夸张。但是，对于一些不重要的或是太复杂的地方，要简单化处理。有句话说得好，艺术源于生活，高于生活。

在雕刻的过程中要遵循先简后难的规律，从简单的、小型的鸟类开始。在鸟类姿态上，也要从入基本的、常规的开始。只有这样，才能逐步提高雕刻的水平。

图3.7

图3.8

图3.9

3.1.1 鸟类整体的基本结构

图3.10

总的来讲，鸟的身体是左右对称的，形体呈纺锤形（或蛋形），长有一对翅膀，有一个坚硬有力的喙，喙内无牙有舌。体表有羽毛。有一对脚爪，脚上长有鳞片，一般有4根脚趾，趾端有爪。在食品雕刻中，一般把鸟类的外部形态分为嘴、头、颈、躯干、翅膀、尾部、腿爪7个部分。如图3.10所示。

3.1.2 鸟类各部位的结构和雕刻

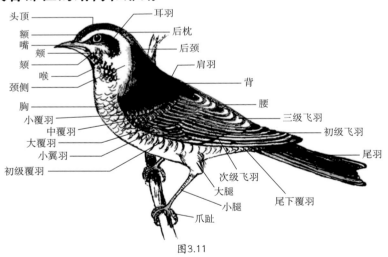

图3.11

1）鸟类嘴、头的结构和雕刻

（1）鸟嘴

鸟嘴位于头部的前额和下颏之间，分为上嘴和下嘴。上嘴一般比下嘴长而大一些。鸟嘴的形状有窄尖、长尖、扁圆、短阔、短细、钩状、锥形、楔形等多种。但是，在食品雕刻中，一般把鸟嘴分为尖形嘴、长形嘴、扁形嘴和钩形嘴。

①尖形嘴。鸟类多数为尖形嘴，如喜鹊、锦鸡、孔雀、凤凰、燕子、麻雀等。如图3.12和图3.13所示。

图3.12　　　　　　　　　　　　　图3.13

②长形嘴。主要有仙鹤、白鹭、戴胜、鹈鹕、鸬鹚、鹳、翠鸟、蜂鸟等。如图3.14和图3.15所示。

图3.14　　　　　　　　　　　　　图3.15

③扁形嘴。主要有天鹅、鸳鸯、鸭子、大雁等。如图3.16和图3.17所示。

图3.16　　　　　　　　　　　　　图3.17

④钩形嘴。主要是一些比较凶猛的鸟类，如老鹰、金雕、鹦鹉、猫头鹰、隼、鸮、鹫等。如图3.18和图3.19所示。

图3.18　　　　　　　　　　　　　图3.19

（2）鸟头、颈

鸟的头部一般为圆形或椭圆形。头部除了嘴以外主要有眼睛、耳等器官。鸟头部各部位名称如图3.21所示。

下颈
后枕
头顶
耳羽
前额
嘴锋
下颏
脸颊
喉部
颈侧

图3.20　　　　　　　　　　图3.21　　　　　　　　　　图3.22

（3）鸟类头、嘴、颈雕刻实例

鸟类头、嘴部的雕刻是禽鸟类雕刻的重点，它是识别不同种类禽鸟的标志，也是禽鸟的最大特征。禽鸟类作品最后的精、气、神好不好，艺术表现力强不强，在很大程度上就是由头和嘴的雕刻效果决定的。因此，在观察、学习禽鸟类雕刻时，要注意对不同禽鸟的头、嘴特征加以区别，要把它的特征、特点表现出来，只有这样，才能使作品形象生动、逼真，表情达意清楚明白。雕刻实例中的鸟头颈雕刻是一种基本型的雕刻方法，是鸟类头颈雕刻的重要基础。其他鸟类的头颈雕刻是在基本型鸟头颈雕刻的基础上进行变化，其雕刻的方法、技巧，使用的刀法、手法都大同小异。

①主要原材料。南瓜、胡萝卜等。

②雕刻工具。雕刻主刀、U形戳刀、划线刀、绘图笔。

③制作步骤。

A. 取一段原料，用刀将原料的一端刻成斧棱形，并在斧棱形原料上用绘图笔画出鸟头、颈的外形，然后用刀雕刻出来。如图3.23～图3.26所示。

B. 雕刻鸟的嘴部。可以先把鸟嘴刻成三角形，然后倒棱。如图3.27所示。

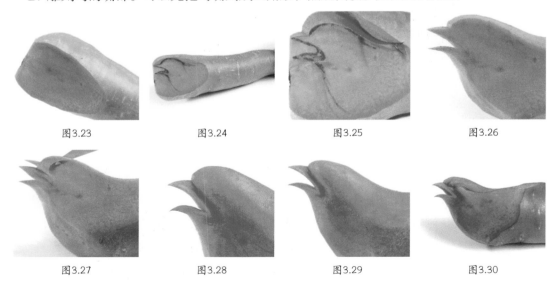

图3.23　　　　　图3.24　　　　　图3.25　　　　　图3.26

图3.27　　　　　图3.28　　　　　图3.29　　　　　图3.30

图3.31

图3.32

图3.33

图3.34

C. 用U形戳刀戳出鸟嘴的嘴壳线和嘴角线。雕刻出鼻孔、舌头等器官。如图3.28和图3.29所示。

D. 确定双眼的位置，雕刻出圆形的眼睛。雕刻出眼眉线和过眼线，并把眼睛修整成圆球形。如图3.30和图3.31所示。

E. 雕刻出鸟头部的耳羽，以及脸颊、喉部等位置处的凹凸点和绒毛。如图3.32所示。

F. 雕刻出鸟的脖颈形状以及羽毛，也可以装上仿真眼。如图3.33和图3.34所示。

（4）鸟类头、嘴、颈雕刻成品要求

①鸟头颈整体大小、长短比例要求恰当、准确。

②嘴分上下两个嘴壳，上嘴壳应比下嘴壳略长而且大一些。

③嘴壳前部应尖而窄，然后逐渐变宽、变厚。

④嘴部的开口一定要切到位，不能有张不开嘴的感觉。

⑤鸟眼睛的位置在上嘴壳后边、嘴角斜上方。

⑥雕刻鸟类脸部的凹凸点和绒毛应该突出、分明。

（5）鸟类头、嘴、颈部雕刻要领

①熟悉鸟类头颈各部位的特征、特点、组成结构，做到心中有数。

②雕刻鸟类头颈部大形前，可以先用笔在纸上画一下鸟类头颈部大形，然后再在原料上画，最后才用雕刻刀雕刻。

③多观察、多画鸟类头颈部，对头颈部各个部位的形态、位置要准确、熟悉，做到心中有数。

2）鸟类躯干的结构

鸟类的躯干呈蛋形或是椭圆形，前面连着颈，后面连着尾巴，这是鸟类身体最大的一部分。上体部分分为肩、背、腰；下体部分分为胸、腹；躯干两侧叫作肋。鸟类的尾巴实际上是由羽毛构成的，不是肉质的尾巴。躯干上的羽毛相对来讲比较短小。如图3.35所示。

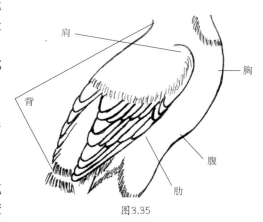

图3.35

3）鸟类翅膀的结构与雕刻

（1）鸟类翅膀的形状和结构

鸟类的翅膀是由一对前肢进化而来的，它位于躯干上方肩部两侧，两翅膀之间由肩羽连接覆盖。一对翅膀是鸟类特有的飞行器官和形态特征。鸟的种类很多，其翅膀的大小、宽窄、长短是有区别的，主要有尖翅膀、圆翅膀、方翅膀等。但是，各种鸟类翅膀的组成结

构、形态特征、姿态变化是基本相似的。鸟类翅膀的羽毛主要有覆羽和飞羽两种。覆羽就是将翅膀的皮肉和骨骼覆盖住的那部分羽毛；飞羽就是长在翅膀的顶端和一侧，并能像扇子一样展开和收拢的那部分羽毛。其功能主要是用于飞翔，因此称为飞羽。其中，覆羽分为初级覆羽、大覆羽、中覆羽、小覆羽；飞羽分为初级飞羽、次级飞羽、三级飞羽。

①鸟类翅膀的形状。如图3.36～图3.39所示。

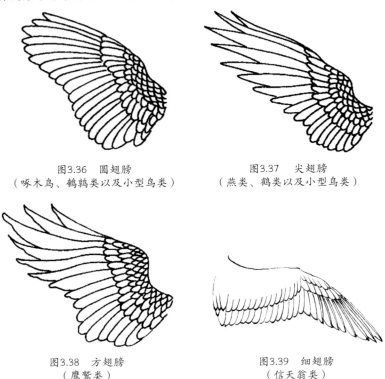

图3.36　圆翅膀
（啄木鸟、鹌鹑类以及小型鸟类）

图3.37　尖翅膀
（燕类、鹤类以及小型鸟类）

图3.38　方翅膀
（鹰鹫类）

图3.39　细翅膀
（信天翁类）

②鸟类翅膀的结构。翼表面如图3.40所示。

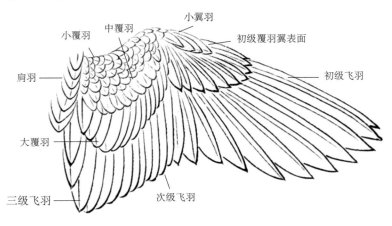

图3.40　鸟类翅膀结构图

（2）鸟类各形翅膀雕刻实例

鸟类翅膀雕刻对于所有鸟类的雕刻来说都是最重要、最显眼、最能展现鸟类优美风姿的地方。因此，在雕刻鸟类翅膀时，要特别认真、仔细，要把翅膀雕刻得细致精巧。在食品雕刻中，根据鸟翅膀与身体的位置关系，可以将鸟翅膀分为收拢式翅膀、半开式翅膀和展开式翅膀。如图3.41~图3.43所示。

图3.41 收拢式翅膀

图3.42 半开式翅膀

图3.43 展开式翅膀

原材料：南瓜、胡萝卜、香芋等。

雕刻工具：雕刻主刀、U形和V形戳刀。

制作步骤：

①收拢式翅膀。翅膀与身体紧贴在一起，鸟一般呈站立或休息的姿态。

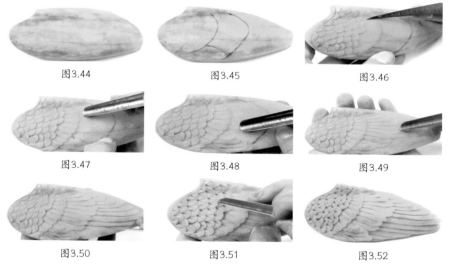

图3.44   图3.45   图3.46

图3.47   图3.48   图3.49

图3.50   图3.51   图3.52

A. 取一块南瓜，用主刀按照收拢式鸟翅膀的形状雕刻出翅膀的大形。如图3.44所示。

B. 在雕刻好的翅膀大形原料上，用绘图笔画出不同羽毛的分布位置和结构。如图3.45所示。

C. 先依次雕刻出小覆羽和中覆羽，然后依次雕刻出大覆羽和初级覆羽以及小翼羽。如图3.46~图3.48所示。

D. 依次雕刻出三级飞羽、次级飞羽和初级飞羽。如图3.49和图3.50所示。

E. 去掉飞羽下边的废料，将翅膀修薄、修平。

F. 用V形戳刀在小、中覆羽毛中间戳出翎骨，并整理成形。如图3.51和图3.52所示。

②全展开式翅膀。翅膀与身体分开，完全展开，鸟呈飞翔或嬉戏的姿态。

A. 取一块南瓜料，用主刀按照全展开式翅膀的形状雕刻出翅膀的大形。如图3.53所示。

B. 在雕刻好的翅膀大形原料上，用绘图笔分出不同羽毛的分布位置和结构并雕刻出小

覆羽。如图3.54所示。

C. 先依次雕刻出中覆羽，然后再依次雕刻出大覆羽、初级覆羽和小翼羽。去掉初级覆羽和大覆羽下边的一层废料，使羽毛上部边缘突出出来。如图3.55～图3.60所示。

D. 雕刻出三级飞羽、次级飞羽和初级飞羽，并用划线刀刻出羽毛上的羽轴和羽丝。去掉飞羽下面的废料，清水浸泡待用。如图3.61所示。

E. 必要时，雕刻出翅膀背面的羽毛。如图3.62～图3.64所示。

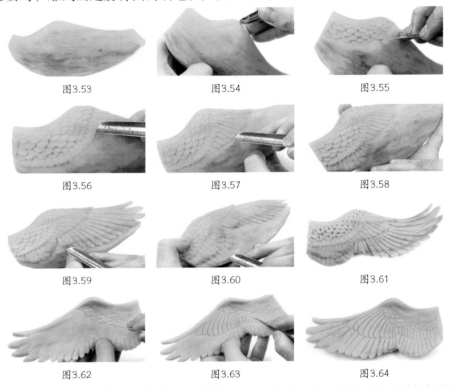

| 图3.53 | 图3.54 | 图3.55 |

| 图3.56 | 图3.57 | 图3.58 |

| 图3.59 | 图3.60 | 图3.61 |

| 图3.62 | 图3.63 | 图3.64 |

③半展开式翅膀。翅膀与身体分开，但没有完全展开，鸟一般呈起飞或嬉戏的姿态。

A. 取一块南瓜，用主刀按照半展开式翅膀的形状雕刻出翅膀的大形，雕刻出翅膀的小覆羽。如图3.65所示。

B. 在雕刻好的翅膀大形原料上，用绘图笔画出不同羽毛的分布位置和结构。依次雕刻出小覆羽和中覆羽，再依次雕刻出大覆羽、初级覆羽和小翼羽。如图3.66～图3.71所示。

C. 去掉初级覆羽和大覆羽下边的一层废料，使羽毛上部边缘突出出来。

D. 雕刻出三级飞羽、次级飞羽和初级飞羽，用划线刀刻出羽毛上的羽轴和羽丝。去掉飞羽下边的废料，清水浸泡待用。如图3.72和图3.73所示。

| 图3.65 | 图3.66 | 图3.67 |

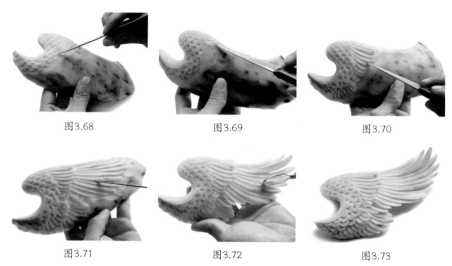

图3.68　　　　　　　　图3.69　　　　　　　　图3.70

图3.71　　　　　　　　图3.72　　　　　　　　图3.73

（3）鸟类翅膀雕刻成品要求

①翅膀的大形要求准确，3种翅膀的姿态区别明显。

②翅膀各部位羽毛排列位置准确，覆羽位置排列时应错开，飞羽位置排列时应相互重叠。

③翅膀羽毛长短、大小应有明显区别。一般情况下，覆羽形状是短、圆、薄，似鱼鳞状。

④翅膀的大小、长短要符合要求。羽毛片要求厚薄适中，边缘整齐无缺口、毛边。

⑤翅膀雕刻的刀法要熟练、流畅，废料去除要干净。

（4）鸟类翅膀雕刻要领

①雕刻翅膀大形前，可以先用笔在纸上画一下翅膀大形，然后在原料上画，最后才用雕刻刀雕刻。这种方法对于快速掌握翅膀大形雕刻是非常有用的。

②熟悉翅膀各个部位羽毛的形状和位置排列。其方法是：多观察，多绘画。

③翅膀羽毛中覆羽的形状要小一些，短一些，飞羽要大一些，长一些。其中，初级飞羽最长、最大。

④翅膀的大小、长短和鸟的种类有关。一般鸟类的翅膀长度与身长相当。擅长飞翔的鸟类以及大形猛禽类的翅膀应是其身体的2～3倍。总之，翅膀不宜过长或过短。但是，偏长、偏大的翅膀比偏短、偏小的翅膀整体效果好。

⑤加强基本功练习。如用主刀雕刻羽毛最能体现出作者的基本功和操作的熟练程度。

⑥翅膀雕刻好后，可以用手把翅膀的飞羽往上压一压，使其上翘。这样处理能使翅膀看起来更加生动、逼真。

4）鸟类尾部的形态结构和雕刻

图3.74　　　　　　　　　　　　　　图3.75

（1）鸟类尾部的结构和特点

鸟类尾部的结构和特点如图3.76所示。

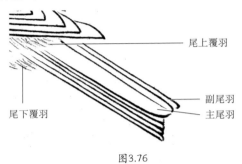

尾上覆羽

副尾羽
主尾羽

尾下覆羽

图3.76

鸟类尾巴的作用是飞行时控制速度和方向。展开时像一把折扇，合拢时羽毛可以相互重叠，但是最中间的一对羽毛始终在最上面。尾羽由成对的羽毛组成，羽毛一般有10～20片，最多可达到32片，最少的只有4片羽毛。尾羽由主尾羽和副尾羽组成。整体排列是以主尾羽为中心，副尾羽分别排列在两旁。鸟尾的形状因鸟的种类而异，有的尾羽长度大致相等，有的尾羽两侧较中间的尾羽渐次缩短，有的尾羽中间较两侧渐次缩短。

在食品雕刻中，鸟尾的形状是区分各种鸟类的重要标志之一。按照食品雕刻的习惯分法可以分为6大类，即平尾（鹭、鹤、海鸥等）、圆尾（鸽子、老鹰等）、凸尾（杜鹃、鸭子、天鹅等）、凹尾（红嘴相思鸟、绣眼鸟等）、燕尾（燕子、燕鸥等）、长尾（绶带鸟、锦鸡、喜鹊等）。如图3.77～图3.82所示。

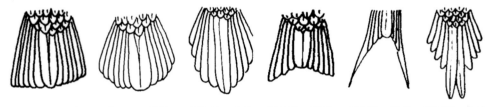

图3.77 平尾　　图3.78 圆尾　　图3.79 凸尾　　图3.80 凹尾　　图3.81 燕尾　　图3.82 长尾

（2）鸟类尾部雕刻实例

①原材料：南瓜、胡萝卜、香芋等。

②雕刻工具：雕刻主刀、U形戳刀、V形戳刀、划线刀、砂纸。

③制作步骤。

A. 鸟类圆尾雕刻实例。

a. 南瓜去老皮，切下一块料，修整平整，在原料上确定主尾羽的位置和走向，并用V形戳刀雕刻出羽轴。如图3.83所示。

b. 用主刀或U形戳刀雕刻出主尾羽的形状，去掉主尾羽下边的废料，使主尾羽突显出来。如图3.84所示。

图3.83　　　　　　　　图3.84　　　　　　　　图3.85

图3.86　　　　　　　　图3.87　　　　　　　　图3.88

　　c. 雕刻出主尾羽两侧的副尾羽。主尾羽和副尾羽的长度、大小基本上是一样的，只是尾羽的根部排列更紧密，就像打开的折扇形状。如图3.85和图3.86所示。

　　d. 用划线刀雕刻出尾羽上的羽轴和羽丝。如图3.87和图3.88所示。

　　e. 去掉尾羽下边的废料，将鸟尾取下来。清水浸泡，整理待用。

　　B. 鸟类凸尾雕刻实例。鸟类凸尾的雕刻步骤、方法、技巧与鸟类圆尾的雕刻一样。其区别在于，凸尾主尾羽的两侧副尾羽较中间的主尾羽渐次缩短，主尾羽最长。如图3.89～图3.92所示。

图3.89　　　　　　图3.90　　　　　　图3.91　　　　　　图3.92

　　C. 鸟类凹尾雕刻实例。鸟类凹尾的雕刻步骤、方法、技巧与鸟类凸尾的雕刻一样。其区别在于，凹尾的主尾羽两侧副尾羽较中间的主尾羽渐次加长，两根主尾羽最短。如图3.93～图3.96所示。

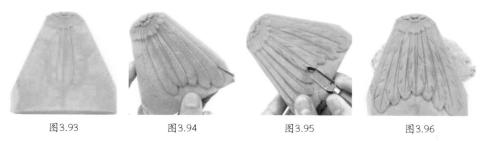

图3.93　　　　　　图3.94　　　　　　图3.95　　　　　　图3.96

　　D. 鸟类燕尾雕刻实例。鸟类燕尾的雕刻步骤、方法、技巧与鸟类凹尾的雕刻一样。燕尾的主尾羽的两侧副尾羽较中间的主尾羽渐次加长，两根主尾羽最短。其主要区别在于，两侧副尾羽的最外边两片羽毛最长，且形状呈三角形，细长而窄、尖。如图3.97~图3.100所示。

| 图3.97 | 图3.98 | 图3.99 | 图3.100 |

E. 鸟类平尾雕刻实例。鸟类平尾的雕刻步骤、方法、技巧与鸟类圆尾的雕刻一样。主尾羽和副尾羽的羽毛排列均匀、齐整，几乎呈一条直线，弧度很小。如图3.101~图3.104所示。

| 图3.101 | 图3.102 | 图3.103 | 图3.104 |

F. 鸟类长尾雕刻实例（如喜鹊尾部）。雕刻鸟类长尾时主羽应突出其长而大的特点，其长度一般为鸟身长度的2~3倍，有的甚至更长。

a. 南瓜去老皮，切下一块料，修整平整。在原料上确定两根主尾羽的位置、走向和形状，并用V形戳刀雕刻出羽轴。如图3.105所示。

b. 先用主刀雕刻出两根主尾羽的形状。主尾羽的中部要宽一些，根部较窄，羽毛尖部应尖而且细窄。再用主刀去掉主尾羽下边的废料，使主尾羽突显出来。

| 图3.105 | 图3.106 | 图3.107 | 图3.108 |

c. 雕刻出位于主尾羽两侧的副尾羽。如图3.106所示。

d. 用划线刀或V形戳刀雕刻出主尾羽上的羽丝。如图3.107所示。

e. 用雕刻主刀从羽毛尖部开始斜片到羽毛的根部，去掉尾羽下边的废料，将雕刻好的尾部取下来，整理待用。如图3.108所示。

（3）鸟类尾部雕刻成品要求

①鸟类尾部大形准确，成品刀口细腻，刀痕少。不同鸟类尾部区别明显。

②鸟类尾部的羽毛应成对出现。其中，主尾羽一般是两根，只是有的鸟的主尾羽被挡住了一根。

③鸟类尾部的大小、长短和鸟的种类有关。一般鸟类的尾巴长度与身长相当（长尾巴鸟除外），也有些长尾鸟的尾巴是其身长的2～3倍。总之，不宜太过短小。在雕刻中，鸟尾偏长比偏短的整体效果要好一些。

④雕刻鸟类尾巴的刀法要熟练、流畅，废料去除要干净。

⑤雕刻鸟类尾部时，要注意鸟尾羽左右的排列是对称的。

（4）鸟类尾部雕刻要领

①雕刻鸟类尾部前，可以先用笔在纸上画一下鸟类尾部大形，再在原料上雕刻。这种方法对于快速掌握鸟类尾部大形雕刻是非常有用的。

②熟悉鸟类各种尾部形状和羽毛的排列位置。其方法是：多观察，多绘画。

③雕刻鸟类尾部羽毛时，毛尖要雕刻薄一些，毛根部稍厚并且不要完全分开。

④加强基本功的练习，刀具要锋利，特别是划线刀。

5）鸟类腿爪部的结构和雕刻

（1）鸟类腿爪部的结构和特点

鸟类腿爪部，即鸟类的后肢，长在鸟类的腹部。从上往下依次为股（大腿）、胫（小腿）、跗跖和趾。股部多隐藏在鸟的身体内两侧而不外露，胫部大多数有羽毛覆盖，跗跖和趾是鸟腿爪最显露的部分。

在食品雕刻中，出于雕刻习惯，同时便于理解，一般把鸟类的胫部叫作鸟类的大腿，把鸟类的跗跖叫作小腿。这和鸟类实际的叫法是有区别的。学习雕刻鸟类时一定要注意加以区分。后面的鸟类腿爪各部分的叫法按照食品雕刻中的习惯叫法命名。如图3.109所示。

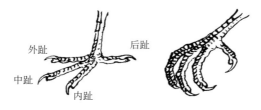

图3.109

鸟类的大腿近似三角形，上有羽毛覆盖。小腿形直较细，由皮、筋、骨组成，无肌肉，小腿表面有鳞状花纹。大多数鸟类的脚爪有4趾，但是一些比较老的雄鸟后趾上方小腿上会长有角质的距。鸟类的脚趾大多数都是前3（外趾、中趾、外趾），后1（后趾）。在食品雕刻中主要是根据趾的位置排列方式和结构特点进行分类，没有生物学分类中那么细致、复杂。可以分为离趾足（雀鸟类、鹰类等），如图3.110～图3.113所示；对趾足（杜鹃、啄木鸟、鹦鹉等），如图3.114和图3.115所示；蹼足（鸳鸯、天鹅、鸬鹚、鸭子等），如图3.116和图3.117所示。

①离趾足。

图3.110 仙鹤　　　图3.111 锦鸡　　　图3.112 火烈鸟　　　图3.113 猛禽

②对趾足。

图3.114 啄木鸟　　　　　　图3.115 鹦鹉

③蹼足。

图3.116 雁　　　　　　图3.117 天鹅

（2）鸟类腿爪部雕刻实例

原材料：南瓜、胡萝卜、香芋等。

雕刻工具：雕刻主刀、U形戳刀、V形戳刀、划线刀、砂纸。

制作步骤：

①鸟类离趾足雕刻实例1。

A. 取一段原料雕刻出鸟类离趾足的大形。脚趾前3后1形成一个三角形的面。如图3.118所示。

B. 确定每个脚趾的位置，用雕刻主刀把爪趾分开，修整出爪趾的关节。如图3.119和图3.120所示。

C. 去掉爪趾上的棱角，修圆。如图3.121所示。

D. 雕刻出脚指甲和脚掌心。如图3.122所示。

E. 雕刻出小腿和脚趾上的鳞状花纹。如图3.123所示。

F. 去掉鸟脚上的废料，使鸟脚独立出来。如图3.124和图3.125所示。

图3.118　　　　　图3.119　　　　　图3.120　　　　　图3.121

图3.122	图3.123	图3.124	图3.125

②鸟类离趾足雕刻实例2。如图3.126～图3.134所示。

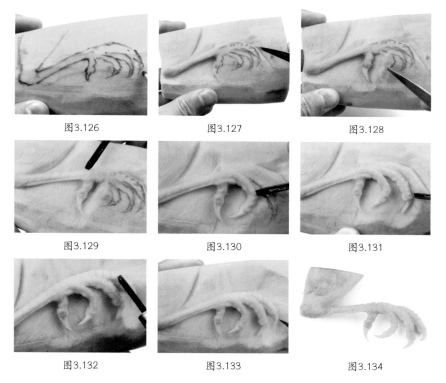

图3.126	图3.127	图3.128
图3.129	图3.130	图3.131
图3.132	图3.133	图3.134

③鸟类对趾足雕刻实例3。鸟类对趾足雕刻和鸟类离趾足雕刻的方法和技巧是一样的，其区别在于对趾足的脚趾是前后各两个脚趾分布。如图3.135～图3.143所示。

图3.135	图3.136	图3.137

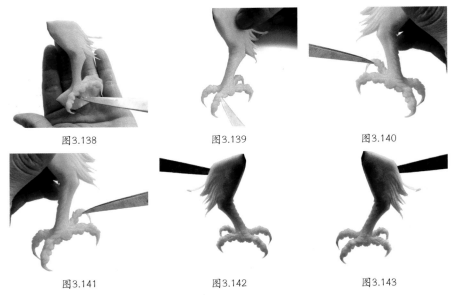

图3.138　　　　　　　图3.139　　　　　　　图3.140

图3.141　　　　　　　图3.142　　　　　　　图3.143

④鸟类蹼足雕刻实例4。

A. 取一段原料雕刻出鸟类蹼足的大形，脚趾前3后1形成一个三角形的面。如图3.144所示。

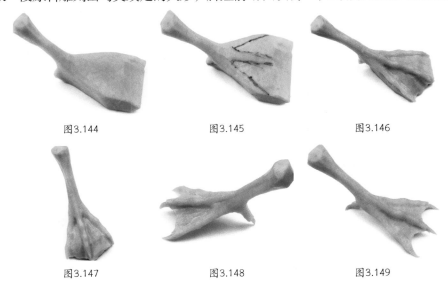

图3.144　　　　　　　图3.145　　　　　　　图3.146

图3.147　　　　　　　图3.148　　　　　　　图3.149

B. 确定每个脚趾的位置，用雕刻U形戳刀把爪趾分开，修整出爪趾的关节。如图3.145～图3.147所示。

C. 雕刻出小腿和脚趾上的脚指甲，雕刻出前面3个脚趾间相连的蹼。如图3.148所示。

D. 去掉鸟脚爪上的废料，使鸟脚爪独立出来。如图3.149所示。

（3）鸟类腿爪部雕刻成品要求

①鸟类腿爪部大形准确，成品刀口细腻，刀痕少。3种鸟类腿爪区别明显。

②鸟类腿爪部中趾应最大、最长，后趾最小。

③鸟脚趾的关节要体现出来，特别是鸟脚抓握时关节更加明显。

④雕刻鸟小腿和脚趾上的鳞状花纹的刀法要熟练、流畅，废料去除要干净。

⑤雕刻蹼足类鸟腿爪时，蹼膜一般要比脚趾低一些。

⑥鸟类腿爪部的脚指甲应根据具体的鸟类品种灵活掌握其大小、长短和弯曲度。

（4）鸟类腿爪部雕刻要领

①雕刻腿爪前，可以先用笔在纸上画一下腿爪大形，然后再在原料上雕刻。这种方法对于快速掌握腿爪大形雕刻是非常有用的。

②熟悉鸟类腿爪各个部位的形状和位置，其方法也是多观察，多画。

③鸟类腿爪的大小、长短和鸟的种类有关。一般来说，体形大的鸟类，腿爪长、粗大；体形小的鸟类，腿爪短、细小一些。

④加强基本功的练习。刀具要锋利，特别是划线刀。

⑤雕刻鸟类腿爪时，可以采用组合雕刻的方法。这样既节省原料，同时造型更加灵活多变。

3.1.3 常见鸟类图片欣赏

常见鸟类图片如图3.150～图3.158所示。

图3.150　　　　图3.151　　　　图3.152

图3.153　　　　图3.154　　　　图3.155

图3.156　　　　图3.157　　　　图3.158

 思考与练习

1.鸟类各部位的主要特征、特点有哪些？

2.分别雕刻出鸟类的头、颈、躯干、翅膀、尾、爪等。

任务2 实用禽鸟雕刻实例——相思鸟

图3.159

图3.160

图3.161

3.2.1 相思鸟相关知识介绍

相思鸟别名红嘴玉、红嘴绿观音、恋鸟等。红嘴相思鸟被选为湖南省省鸟，在中国主要分布在秦岭以南。红嘴相思鸟体长约14厘米，嘴呈鲜红色，上体为橄榄绿色，脸淡黄色，两翅具明显的红黄色翼斑，额、喉至胸呈黄色或橙色，腹乳黄色。红嘴相思鸟羽毛华丽，动作活泼，姿态优美，鸣声短促悦耳，婉转动听。因雌雄鸟经常形影不离，对伴侣极其忠诚，故被视为忠贞爱情的象征，常作为结婚礼品馈赠，是非常珍贵的一种鸟类，颇受人们喜爱。

在食品雕刻中，相思鸟雕刻是禽鸟类雕刻的基础，其地位非常重要。可以说，很多其他种类的禽鸟雕刻都是在相思鸟雕刻的基础上进行变化和创造的。

3.2.2 相思鸟雕刻过程

图3.162 相思鸟雕刻成品效果图1

图3.163 相思鸟雕刻成品效果图2

1）主要原材料

胡萝卜、南瓜、青笋头、青萝卜等。

2）雕刻工具

雕刻主刀、划线刀、U形戳刀。

3）制作步骤

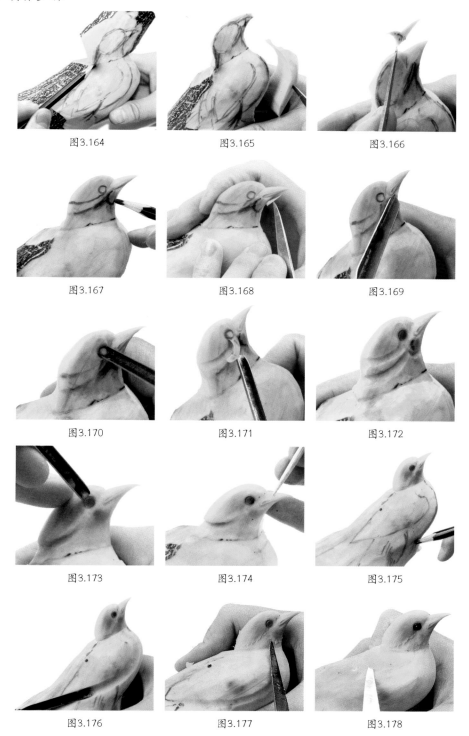

图3.164 　　　　　　　　图3.165 　　　　　　　　图3.166

图3.167 　　　　　　　　图3.168 　　　　　　　　图3.169

图3.170 　　　　　　　　图3.171 　　　　　　　　图3.172

图3.173 　　　　　　　　图3.174 　　　　　　　　图3.175

图3.176 　　　　　　　　图3.177 　　　　　　　　图3.178

（1）确定相思鸟的姿态和身体大形

①取一根南瓜，把一端切成楔形（斧棱形），并在原料上画出相思鸟的大形。如图

3.164所示。

②从相思鸟嘴下刀，雕刻出相思鸟的头颈外形轮廓。如图3.165所示。

（2）雕刻相思鸟嘴部

①先雕刻出三角形的鸟嘴，再把三角形分成大和小两个三角形，并用主刀把相思鸟的嘴裂线刻出来。如图3.166～图3.168所示。

②戳出鸟嘴的嘴角线。如图3.169所示。

（3）雕刻相思鸟的头部、颈部

①把相思鸟头修整圆滑，确定相思鸟眼睛的位置和头部的结构线。如图3.167所示。

②用U形戳刀雕刻出相思鸟的眼睛和相思鸟头部的凹凸点。如图3.170～图3.172所示。

③用U形戳刀雕刻出相思鸟头部眼睛的黑眼仁，并用牙签做出相思鸟的鼻孔。如图3.173和图3.174所示。

④用划线刀雕刻出相思鸟头部各部位的绒毛、相思鸟的脖颈形状和相思鸟的羽毛。如图3.177和图3.178所示。

（4）雕刻相思鸟的躯干

根据相思鸟头部的大小画出相思鸟的躯干大形，并雕刻出来。如图3.175所示。

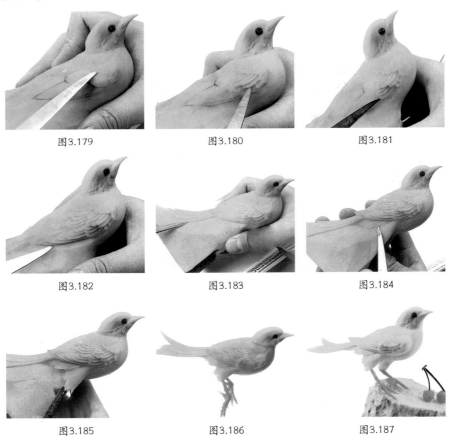

图3.179　　　　　　　图3.180　　　　　　　图3.181

图3.182　　　　　　　图3.183　　　　　　　图3.184

图3.185　　　　　　　图3.186　　　　　　　图3.187

（5）雕刻相思鸟的翅膀

①用U形戳刀在鸟的躯干上戳出翅膀的大形。如图3.176所示。

②用划线刀和主刀雕刻出相思鸟翅膀上覆羽。如图3.179所示。

③用主刀或U形戳刀雕刻出相思鸟翅膀的飞羽。如图3.180～图3.182所示。

（6）雕刻相思鸟的尾部

按照前面雕刻相思鸟尾部的方法，雕刻出相思鸟的凹形尾。如图3.183所示。

（7）雕刻相思鸟的腿爪部

按照前面雕刻相思鸟腿爪部的方法，雕刻出相思鸟的腿爪部。

①用划线刀和主刀雕刻出相思鸟的尾下覆羽和相思鸟大腿上覆羽。如图3.184和图3.185所示。

②用胡萝卜雕刻出相思鸟的一对脚爪。

（8）整体修整成型

整体修整成型效果如图3.186和图3.187所示。

3.2.3 相思鸟雕刻成品要求

①相思鸟形体较小，嘴短小，头圆，颈部较短，尾部为凹形尾，长度与身体长度相当。

②相思鸟各个部位比例恰当，雕刻刀法熟练、准确，作品刀痕少。

③废料去除干净，无残留。

3.2.4 相思鸟雕刻注意事项及要领

①对相思鸟的形态特征以及翅膀、尾巴的羽毛等结构要熟悉。

②雕刻前，应先在纸上画一下相思鸟，其头部和身体可以看成两个椭圆形。

③雕刻鸟的大形时可以借鉴国画画鸟的方法，即"鸟不离球、蛋、扇"。这就是说，鸟头为圆形，躯干为蛋形，尾巴为扇形。

④要认真练习掌握前面所学的鸟各部位的雕刻。

⑤相思鸟的尾巴可以单独雕刻好，再粘上去，这样相思鸟尾巴就可以上下左右任意造型。

3.2.5 相思鸟雕刻的应用

相思鸟雕刻主要用于盘饰和雕刻看盘的制作。如图3.188和图3.189所示。

图3.188

图3.189

食品雕刻

3.2.6 相思鸟雕刻知识的延伸

鸟类雕刻造型艺术在烹饪中的运用如图3.190~图3.193所示。

图3.190　冷拼

图3.191　冷拼

图3.192　热菜

图3.193　冷拼

思 考 与 练 习

1.相思鸟的形态特征、特点有哪些?

2.利用其他原材料雕刻相思鸟。

任务3　实用禽鸟雕刻实例——喜鹊

图3.194

图3.195

3.3.1　喜鹊相关知识介绍

喜鹊又名鹊,分布范围很广。喜鹊是很有人缘的鸟类之一,多生活在人类聚居地区。

喜鹊喜欢把巢筑在民宅旁的大树上，在居民点附近活动。喜鹊体形较大，头、颈、背至尾均为黑色，自前往后分别呈现紫色、绿蓝色、绿色等光泽，双翅黑色而在翼肩有一大块白斑。嘴、脚是黑色。腹面以胸为界，前黑后白。尾羽较长，其长度超过身体的长度。

喜鹊自古以来深受人们喜爱，中国民间将喜鹊作为吉祥、好运与福气的象征。喜鹊叫声婉转，据说喜鹊能够预报天气的晴雨。古书《禽经》有这样的记载："仰鸣则阴，俯鸣则雨，人闻其声则喜。"鹊桥相会、鹊登高枝、喜上眉（梅）梢等是中国传统艺术中常见的题材，这些题材也经常出现在中国传统诗歌、对联中。在中国民间，画鹊兆喜的风俗也颇为流行。此外，传说每年七夕，人间所有的喜鹊会飞上天河，搭起一条鹊桥，引分离的牛郎和织女相会，而牛郎织女相会的鹊桥，在中华文化中常常成为男女情缘的象征。喜鹊，作为离人最近的鸟，已经深入了我们的生活和文化中。

在食品雕刻中，喜鹊的雕刻方法与相思鸟的雕刻方法大同小异。主要区别在于喜鹊体形要大一些，头偏小，嘴、颈稍长，尾巴的形状属于长尾型。至于两者间毛色的区别，一般来讲，在食品雕刻中是不能体现出来的。因此，在学习雕刻喜鹊时，一定要借鉴相思鸟的雕刻方法、技巧，这样才能够比较容易地掌握喜鹊的雕刻技术。

3.3.2 喜鹊雕刻过程

图3.196 欢喜人生（参）1

图3.197 欢喜人生（参）2

1）主要原材料

胡萝卜、南瓜、青萝卜等。

2）雕刻工具

雕刻主刀、U形戳刀、划线刀等。

3）制作步骤

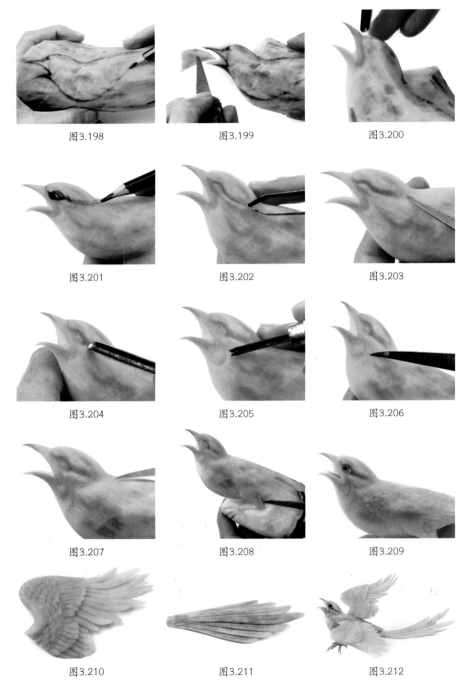

图3.198　　　　　　　　图3.199　　　　　　　　图3.200

图3.201　　　　　　　　图3.202　　　　　　　　图3.203

图3.204　　　　　　　　图3.205　　　　　　　　图3.206

图3.207　　　　　　　　图3.208　　　　　　　　图3.209

图3.210　　　　　　　　图3.211　　　　　　　　图3.212

（1）确定喜鹊的姿态和整体大形

①取一块南瓜，将一端切成楔形（斧棱形），并在原料上画出喜鹊的大形。如图3.198所示。

②从鸟嘴开始下刀，雕刻出喜鹊头、颈部的整体大形（外形轮廓）。

110

（2）雕刻出喜鹊的嘴部

借鉴相思鸟嘴部的雕刻方法，只是喜鹊的嘴要长一点。

①雕刻出三角形的鸟嘴，使鸟嘴张开。如图3.199所示。

②戳出鸟嘴的嘴角线。如图3.200所示。

（3）雕刻喜鹊的头部、颈部

①将喜鹊的头修整圆滑，确定喜鹊眼睛的位置和喜鹊头部的结构线。如图3.201所示。

②用划线刀雕刻出喜鹊的眼线。如图3.202所示。

③雕刻出喜鹊后脑部的小绒毛。如图3.203所示。

④用U形戳刀雕刻出喜鹊的眼睛和眼里的黑眼仁。如图3.204所示。

⑤用划线刀雕刻出喜鹊头部各部位的绒毛、喜鹊的脖颈形状和喜鹊的羽毛。如图3.205～图3.207所示。

（4）雕刻喜鹊的躯干

根据喜鹊头部的大小画出喜鹊的躯干大形，并雕刻出来。如图3.208和图3.209所示。

（5）雕刻喜鹊的翅膀

雕刻喜鹊的翅膀。如图3.210所示。

（6）雕刻喜鹊的尾部

按照前面雕刻鸟尾部的方法，雕刻出喜鹊的长形尾。如图3.211所示。

（7）雕刻喜鹊的腿爪部

按照前面雕刻鸟腿爪部的方法，雕刻出喜鹊的腿爪。

（8）整体修整成型

将雕刻好的喜鹊各部位安装组合在一起。如图3.212所示。

3.3.3　喜鹊雕刻成品要求

①喜鹊嘴短、尖，头圆，颈部较短，尾部为长形尾，尾巴的长度是身体长度的两倍。

②喜鹊各个部位比例恰当，雕刻刀法熟练、准确，作品刀痕少。

3.3.4　喜鹊雕刻注意事项及要领

①对喜鹊的形态特征以及翅膀、尾巴的结构要熟悉。

②雕刻前，应先在纸上画一下喜鹊，其头和身体可以看成两个椭圆形。

③确定喜鹊大形时，可以借鉴中国画鸟的方法，即"鸟不离球、蛋、扇"。

④要认真练习前面所学的鸟各部位的雕刻，并熟练掌握。

⑤喜鹊的尾巴和翅膀可以单独雕刻好，再粘上去，这样喜鹊的姿态更加灵活多变。

3.3.5　喜鹊类雕刻作品的应用

①主要用于婚宴、寿宴、庆功宴、庆典宴以及家人聚会等宴会中。

②主要用于盘饰和雕刻看盘的制作。如图3.213～图3.215所示。

图3.213　　　　　　　　　　图3.214　　　　　　　　　　图3.215

3.3.6　喜鹊雕刻知识延伸

喜鹊雕刻造型技术在艺术冷拼中的运用如图3.216～图3.219所示。

图3.216　　　　　　图3.217　　　　　　　图3.218　　　　　　图3.219

思考与练习

1.喜鹊主要的外形特征、特点有哪些？

2.制作食品雕刻看盘——喜鹊闹梅。

任务4　实用禽鸟雕刻实例——翠鸟

图3.220　　　　　　　　图3.221　　　　　　　　图3.222

3.4.1 翠鸟相关知识介绍

翠鸟又名鱼虎、鱼狗、钓鱼翁、金鸟仔、钓鱼郎、拍鱼郎等。中国的翠鸟有3种：斑头翠鸟、蓝耳翠鸟和普通翠鸟。其中，普通翠鸟最常见，分布也最广。翠鸟头大，身体小，嘴壳硬，嘴长而直，有角棱，末端尖锐。翠鸟的体形有点像啄木鸟，但尾巴比啄木鸟短小一些，喙比啄木鸟长一些。翠鸟色彩艳丽，头部至后颈部为带有光泽的深绿色，其中布满蓝色斑点，从背部至尾部为光鲜的宝蓝色，翼面也为绿色，带有蓝色斑点，翼下及腹面则为明显的橘红色，体羽主要为亮蓝色，头顶黑色，额具白领圈。翠鸟的头部有青绿色斑纹，眼下有一青绿色纹，眼后具有强光泽的橙褐色。翠鸟的面颊和喉部为白色，脚为红色，下体羽为橙棕色。翠鸟的胸下栗棕色，翅翼黑褐色，短圆，3个前趾中有2个基部愈合，脚珊瑚红色。翠鸟的尾巴很短，但飞起来很灵活。

翠鸟常直挺挺地停息在近水的低枝或岩石上，伺机捕食鱼虾等。翠鸟常栖息于灌木丛或疏林中，或者水清澈而缓流的小河、溪涧、湖泊、鱼塘等水域，以鱼或昆虫为食。翠鸟捕食鱼虾扎入水中后，还能保持极佳的视力。因为翠鸟的眼睛进入水中后，能迅速调整水中因为光线造成的视角反差，所以，翠鸟的捕鱼成功率几乎是100%。翠鸟在西方也叫青鸟，象征着幸福和美好。

在雕刻翠鸟时，其雕刻的方法和技巧与相思鸟的雕刻方法基本一致，其区别主要是头和尾巴的形状。翠鸟是长嘴，尾部是较短的凸尾。由于翠鸟色彩丰富、艳丽，雕刻时很难表现出来，因此，在选用原料时，应选择颜色比较浅的原料，最好是绿色的。虽然也可以采用组合雕的方法来表现其色彩的丰富变化，但对于初学者来说难度太大了。

3.4.2 翠鸟雕刻过程

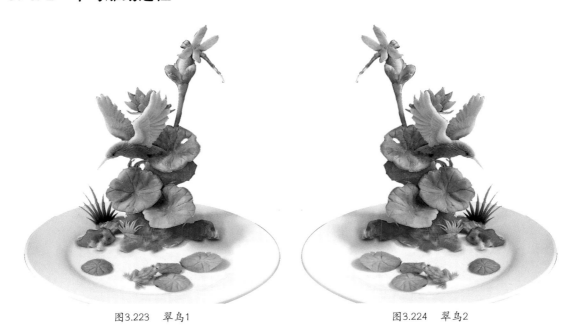

图3.223　翠鸟1　　　　　　　　　　图3.224　翠鸟2

1）主要原材料
胡萝卜、南瓜、青萝卜、心里美萝卜、青笋头等。

2）雕刻工具

雕刻主刀、V形戳刀、划线刀、拉刻刀等。

3）制作步骤

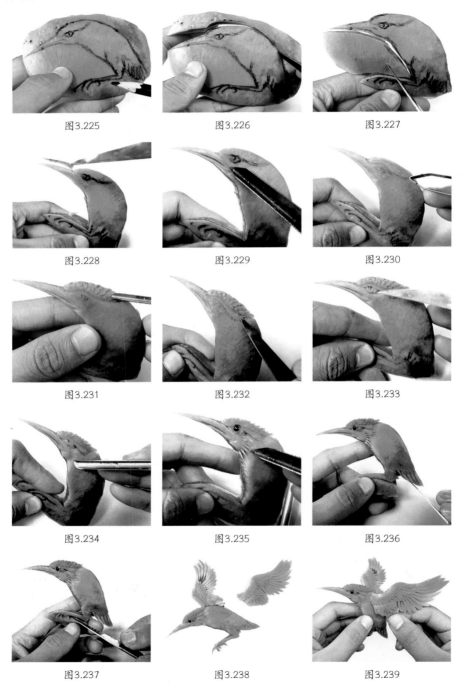

图3.225　　　　　　　　图3.226　　　　　　　　图3.227

图3.228　　　　　　　　图3.229　　　　　　　　图3.230

图3.231　　　　　　　　图3.232　　　　　　　　图3.233

图3.234　　　　　　　　图3.235　　　　　　　　图3.236

图3.237　　　　　　　　图3.238　　　　　　　　图3.239

图3.240　　　　　　　　图3.241　　　　　　　　图3.242

（1）确定翠鸟的姿态和整体大形（整体姿态闭嘴、张翅、下冲）

①取一块心里美萝卜，在原料上画出翠鸟的大形。如图3.225所示。

②从鸟嘴下刀，雕刻出翠鸟头部、颈部和胸部的整体大形（外形轮廓）。如图3.226和图3.227所示。

（2）雕刻出翠鸟的嘴部

借鉴相思鸟嘴部的雕刻方法，只是在外形上，翠鸟的嘴长而尖。

①用主刀雕刻出三角形的翠鸟嘴的大形，并去掉棱角。如图3.228所示。

②用V形戳刀戳出翠鸟嘴的嘴角线。如图3.229所示。

（3）雕刻翠鸟的头、颈部

①将翠鸟头修整圆滑，确定翠鸟眼睛的位置和头部的结构线，雕刻出翠鸟的眼眉。如图3.230所示。

②用主刀或小号U形戳刀雕刻出翠鸟头顶部的鳞状羽毛。如图3.231所示。

③用主刀雕刻出翠鸟眼睛和眼里的黑眼仁。如图3.232和图3.233所示。

④用划线刀或主刀雕刻出翠鸟头部各部位的绒毛、翠鸟的脖颈形状和翠鸟的羽毛。如图3.234和图3.235所示。

（4）用主刀或拉刻刀雕刻翠鸟的躯干、大腿和尾巴

雕刻方法如图3.236和图3.237所示。

（5）雕刻翠鸟的翅膀和腿爪部

雕刻方法如图3.238所示。

（6）整体组装成型

将雕刻好的翠鸟各部位安装组合在一起。如图3.239和图3.242所示。

3.4.3　翠鸟雕刻成品要求

①翠鸟各个部位比例恰当，特征突出。其嘴长而尖，头大而圆，颈部较短，身体小巧且尾巴短小。

②雕刻刀法熟练，准确，作品刀痕少。

3.4.4　翠鸟雕刻注意事项及要领

①对翠鸟的形态特征、翅膀、尾巴等结构要熟悉。

②雕刻时，应结合相思鸟和喜鹊的雕刻方法和雕刻技巧，对前面所学的鸟类各部位的雕刻要认真练习，熟练掌握。

③翠鸟虽小，但是也可以采用组合雕的方式进行雕刻。尾巴、腿爪和翅膀可以单独雕刻

好，然后再粘上去，这样翠鸟的姿态变化比较灵活，而且色彩更加丰富。

3.4.5 翠鸟类雕刻作品的应用

主要用于盘饰和雕刻看盘的制作，特别适宜与荷花、荷叶搭配在一起组成作品。如图3.243~图3.245所示。

图3.243

图3.244

图3.245

3.4.6 主题知识延伸

①翠鸟造型雕刻技术在艺术冷拼制作中的运用。如图3.246~图3.250所示。

②翠鸟雕刻造型艺术在其他长嘴类鸟雕刻中的运用。如图3.251和图3.252所示。

图3.246

图3.247

图3.248

图3.249

图3.250

图3.251　丹顶鹤

图3.252　白鹭

思考与练习

1．翠鸟的主要形态特征有哪些？

2．采用零雕整装的方法雕刻翠鸟有哪些优点？

任务5　实用禽鸟雕刻实例——丹顶鹤

图3.253

图3.254

图3.255

3.5.1　丹顶鹤相关知识介绍

丹顶鹤也叫仙鹤、白鹤，是鹤类中的一种，因头顶有"红肉冠"而得名。丹顶鹤是国家一级保护动物，是东亚地区特有的鸟种。丹顶鹤的繁殖地在中国东北平原的松嫩平原和三江平原，俄罗斯的远东和日本等地。丹顶鹤每年要在繁殖地和越冬地之间进行迁徙。丹顶鹤的栖息地主要是沼泽和沼泽化的草甸，被誉为"湿地之神"。丹顶鹤的食物主要是浅水的鱼虾、软体动物和某些植物的根茎。

丹顶鹤体态优雅、颜色分明，具有鹤类的特征，即三长——嘴长、颈长、腿长。成鸟除颈部和飞羽后端为黑色外，全身洁白。头顶皮肤裸露，呈鲜红色。

丹顶鹤就是传说中的仙鹤。由于丹顶鹤寿命长达50～60年，人们常把它和松树绘在一起，作为长寿的象征。其实，丹顶鹤与生长在高山丘陵中的松树没有关系。鹤是栖息于沼泽地的鸟，把它和松树放在一起，从科学的观点看，是一个误会。但是，如果从文化意义上看，则应另当别论。东亚地区的居民，将丹顶鹤作为幸福、吉祥、忠贞的象征，在各国的文学和各类艺术作品中屡有出现。

丹顶鹤是一种比较大型的鸟类，但是，在雕刻时，却要雕刻得小巧一点，这样效果反而更好。另外，如果雕刻的丹顶鹤翅膀是张开的，其尾部雕刻成平尾；如果翅膀收拢后，可以把尾部雕刻成由长而尖的灰黑色羽毛组成的尾部。

3.5.2　丹顶鹤的雕刻过程

图3.256

图3.257

1）主要原材料

胡萝卜、南瓜、青萝卜、白萝卜、香芋等。

2）雕刻工具

雕刻主刀、U形和V形戳刀、划线刀等。

3）制作步骤

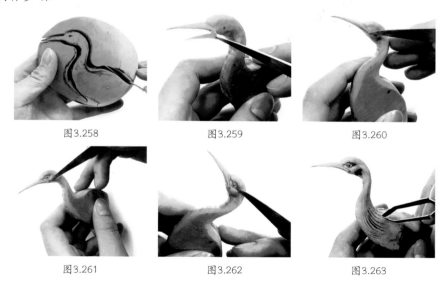

图3.258　　　　　　　图3.259　　　　　　　图3.260

图3.261　　　　　　　图3.262　　　　　　　图3.263

图3.264　　　　　　　图3.265　　　　　　　图3.266

图3.267　　　　　　　图3.268　　　　　　　图3.269

图3.270　　　　　　　图3.271　　　　　　　图3.272

图3.273　　　　　　　图3.274　　　　　　　图3.275

（1）确定丹顶鹤的姿态和整体大形

取一块心里美萝卜（最好带上表皮），在原料上画出丹顶鹤的大形，并用主刀直刀雕刻出大形。如图3.258所示。

（2）雕刻出丹顶鹤的嘴部

①从嘴部下刀雕刻出三角形的嘴。用主刀斜刻去掉棱角。如图3.259所示。

②戳出丹顶鹤的嘴角线，并雕刻出丹顶鹤的脖颈。如图3.260和图3.261所示。

（3）雕刻丹顶鹤的头部、颈部

①把丹顶鹤的头修整圆滑。确定丹顶鹤眼睛的位置和头部的结构线。

②雕刻出丹顶鹤的眼睛和眼睛里的黑眼仁。如图3.262所示。

③用主刀、划线刀雕刻出头部各部位的绒毛、脖颈形状、身体大形、尾巴形状和羽毛。

如图3.263和图3.264所示。

（4）雕刻丹顶鹤的翅膀

雕刻丹顶鹤的翅膀。如图3.265～图3.270所示。

（5）雕刻丹顶鹤的腿爪部分

按照前面雕刻腿爪部的方法雕刻出丹顶鹤的腿爪。如图3.271所示。

（6）雕刻一只翅膀收拢的丹顶鹤

雕刻一只翅膀收拢的丹顶鹤。如图3.272所示。

（7）整体组装成型

把雕刻好的丹顶鹤各部位有机地安装组合在一起，制作成一个完整的雕刻作品。如图3.273～图3.275所示。

3.5.3　丹顶鹤雕刻成品要求

①丹顶鹤各个部位比例恰当，特征突出，脖颈弯曲自然。丹顶鹤的嘴长而尖，头小而圆，颈部和腿部较长。

②雕刻刀法熟练、准确，作品刀痕少。

3.5.4　雕刻注意事项及要领

①对丹顶鹤的形态特征，尤其是翅膀、尾巴等结构要熟悉。

②雕刻时，应结合任务4翠鸟的雕刻方法和技巧。同时，对前面所学的鸟各部位的雕刻要认真练习，熟练掌握。

③丹顶鹤是一种大型的鸟类，但是在雕刻中一般不宜雕刻得太大，雕刻小巧些反而效果更好。

④可以采用组合雕的方式进行雕刻。嘴巴、尾巴、腿爪和翅膀可以单独雕刻好，再粘上去，这样姿态变化就比较多样，色彩更加丰富。

3.5.5　丹顶鹤雕刻作品的应用

丹顶鹤雕刻作品主要用于雕刻看盘和盘饰。特别适合与荷花、荷叶、高山、云彩古松以及仙女、寿星等搭配在一起组成作品。如图3.276～图3.281所示。

图3.276

图3.277

图3.278

图3.279

图3.280

图3.281

3.5.6 主题知识延伸

①丹顶鹤雕刻造型技术在泡沫雕刻及艺术冷拼中的运用。如图3.282～图2.285所示。

②采用丹顶鹤雕刻方法和技巧雕刻白鹭。如图3.282～图3.284所示。

图3.282

图3.283

图3.284

图3.285

思考与练习

1．简述丹顶鹤和鹭鸟的特征以及各自的异同点。

2．利用其他原材料雕刻丹顶鹤。

任务6 实用禽鸟雕刻实例——鸳鸯

图3.286

图3.287

3.6.1 鸳鸯相关知识介绍

鸳鸯，古称"匹鸟"，似野鸭，体形较小。嘴扁，颈长，趾间有蹼，善游泳，翼长，能飞。雄的羽色绚丽，头后有呈赤、紫、绿等色的羽冠，嘴红色，脚黄色。雌的体形稍小，羽毛苍褐色，嘴灰黑色。鸳鸯常栖息于内陆湖泊和溪流边，在我国内蒙古和东北北部繁殖，越冬时飞到长江以南直到华南一带，为我国著名特产珍禽之一。

中国古代，最早是把鸳鸯比作兄弟的。把鸳鸯比作夫妻，是出自唐代诗人卢照邻的《长安古意》，诗中有"愿作鸳鸯不羡仙"一句，赞美了美好的爱情，含有男女情爱的意思。基于人们对鸳鸯的认识，我国历代流传着不少以鸳鸯为题材的、歌颂纯真爱情的美丽传说和神话故事。鸳鸯成双入对，相亲相爱，悠闲自得，风韵迷人。在人们的心目中是永恒爱情的象征，是一夫一妻、相亲相爱、白头偕老的表率。甚至认为鸳鸯一旦结为配偶，便陪伴终生，因此，人们常将鸳鸯的图案绣在各种各样的物品上送给自己喜欢的人，以此表达自己的爱意。

因为鸳鸯是一种美丽的禽鸟，中国传统文化赋予它很多美好的寓意，所以，鸳鸯在食品雕刻中也是经常表现的题材。在雕刻鸳鸯时，形体要雕刻得小巧一点，应选用颜色稍浅一点的原材料。

3.6.2 鸳鸯雕刻过程

图3.288

图3.289

1）主要原材料
胡萝卜、南瓜、青萝卜、心里美萝卜等。

123

2）雕刻工具

雕刻主刀、U形戳刀、划线刀等。

3）制作步骤

（1）确定鸳鸯的姿态和整体大形并画出图形

①切取心里美萝卜一厚块，在原料上画出鸳鸯的大形。如图3.290所示。

②从鸟嘴开始下刀，雕刻出鸳鸯头部和颈部的整体大形（外形轮廓）。如图3.291所示。

（2）雕刻出鸳鸯的嘴部

借鉴相思鸟嘴部的雕刻方法，只是在外形上鸳鸯是扁平嘴。

①雕刻出三角形的鸟嘴，然后用刀把嘴尖修圆，去棱角。

②刻出鸟嘴的嘴角线。如图3.292所示。

（3）雕刻鸳鸯的头部和颈部

①将鸟头修整圆滑，确定鸟眼睛的位置和头部的结构线。

②用划线刀、主刀雕刻出鸳鸯头顶的羽冠。如图3.293所示。

③用U形戳刀和主刀雕刻出鸳鸯眼睛和眼里的黑眼仁。如图3.293所示。

④用V形戳刀和主刀雕刻出鸳鸯头部各部位的绒毛、脖颈的形状以及尖形的羽毛。如图3.293和图3.294所示。

（4）雕刻鸳鸯的躯干、翅膀

根据鸳鸯头部的大小画出鸳鸯的躯干、翅膀大形，并雕刻出来。如图3.295～图3.300所示。

（5）雕刻鸳鸯的尾部和相思羽

按照前面雕刻鸟尾部的方法雕刻出鸳鸯的尾部和相思羽。如图3.301和图3.302所示。

（6）整体组装并修整成型

整体组装并修整成型。如图3.303和图3.304所示。

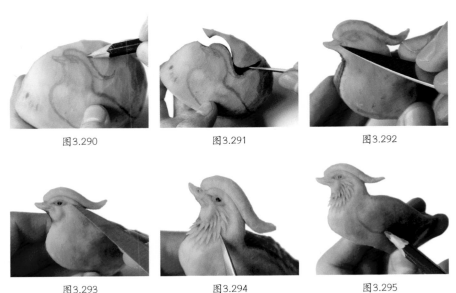

图3.290　　　　　　　　图3.291　　　　　　　　图3.292

图3.293　　　　　　　　图3.294　　　　　　　　图3.295

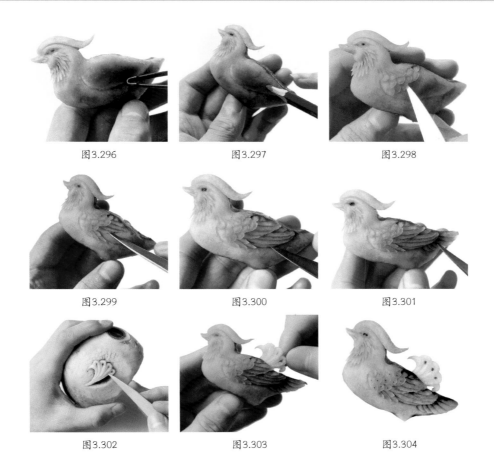

图3.296　　　　　　　　图3.297　　　　　　　　图3.298

图3.299　　　　　　　　图3.300　　　　　　　　图3.301

图3.302　　　　　　　　图3.303　　　　　　　　图3.304

3.6.3　鸳鸯雕刻成品要求

①鸳鸯各个部位比例恰当，特征突出。鸳鸯嘴扁平、头顶有羽冠，颈部较短，身体小巧。

②雕刻刀法熟练、准确，作品刀痕少。

3.6.4　鸳鸯雕刻注意事项及要领

①对鸳鸯的形态特征、翅膀、尾巴等结构要熟悉。

②雕刻时，应结合相思鸟和喜鹊的雕刻方法和技巧。

③大多数情况下可以不雕刻鸳鸯的腿脚。

3.6.5　鸳鸯类雕刻作品的应用

①主要用于盘饰和雕刻看盘的制作，特别适宜与荷花、荷叶搭配在一起组成作品。如图3.305和图3.306所示。

②主要用于婚庆类主题的宴会中。

图3.305

图3.306

3.6.6　鸳鸯雕刻知识延伸

①鸳鸯雕刻造型技术在艺术冷拼中的运用如图3.307～图3.312所示。

②其他扁平嘴类鸟的雕刻如图3.313和图3.314所示。

图3.307

图3.308

图3.309

图3.310

图3.311

图3.312

图3.313

图3.314

思考与练习

1. 鸳鸯在中国传统文化中有哪些吉祥含义?
2. 以鸳鸯和荷花为主要题材制作主题食品雕刻——百年好合。

任务7 实用禽鸟雕刻实例——鹦鹉

图3.315

图3.316

图3.317

3.7.1 鹦鹉相关知识介绍

鹦鹉是鹦形目众多艳丽、爱叫的鸟。鹦鹉在世界各地都有分布。鹦鹉一般以配偶和家族形成小群活动,栖息在林中树枝上,主要以树洞为巢。多数鹦鹉主食树上或者地面上的植物果实、种子、坚果、浆果、嫩芽嫩枝等,兼食少量昆虫。鹦鹉种类繁多,形态各异,羽色艳丽。鹦鹉中体形最大的当属华贵高雅的紫蓝金刚鹦鹉,最小的是蓝冠短尾鹦鹉。其中,人们最熟悉的鹦鹉是虎皮鹦鹉和葵花凤头鹦鹉等。鹦鹉羽毛大多色彩绚丽。鹦鹉鸣叫响亮,是典型的攀禽,对趾型足,两趾向前两趾向后,适合抓握。鹦鹉的钩喙独具特色,强劲有力,可以食用坚果。

在雕刻鹦鹉时,重点是要雕刻出鹦鹉头部的特点,其脸颊比较大而且突出,钩嘴宽而短。鹦鹉其他部位的雕刻,可以参照喜鹊的雕刻方法和技巧。

3.7.2　鹦鹉雕刻过程

图3.318

图3.319

1）主要原材料

胡萝卜、南瓜、青萝卜、心里美萝卜等。

2）雕刻工具

雕刻主刀、U形戳刀、划线刀等。

3）制作步骤

（1）确定鹦鹉的姿态和身体大形

①取一块南瓜，把一端切成楔形（斧棱形），并在原料上画出鹦鹉的大形。

②从鸟嘴下刀，雕刻出鹦鹉头、颈、背部的整体大形（外形轮廓）。如图3.320所示。

（2）雕刻鹦鹉的嘴部

借鉴喜鹊嘴部的雕刻方法，只是在外形上鹦鹉的嘴呈钩状，而且显得比较宽厚。

①雕刻出钩形的鸟嘴，用主刀斜刻去掉棱角。如图3.321所示。

②戳出鸟嘴的嘴角线，并雕刻出鹦鹉的脖颈。如图3.322所示。

（3）雕刻鹦鹉的头部、颈部

①把鸟头修整圆滑，确定眼睛的位置和头部的结构线。如图3.323和图3.324所示。

②雕刻出眼睛和眼里的黑眼仁。如图3.324和图3.325所示。

③用主刀和划线刀雕刻出头部各部位的绒毛和脖颈形状以及羽毛。如图3.325和图3.326所示。

（4）雕刻鹦鹉的躯干大形

雕刻鹦鹉的躯干大形。如图3.327所示。

（5）雕刻鹦鹉的翅膀

①确定翅膀的位置和形状，并用U形戳刀戳出。如图3.328所示。

②雕刻出翅膀上的覆羽和飞羽。如图3.329和图3.330所示。

（6）雕刻鹦鹉的大腿部分

雕刻鹦鹉的大腿部分。如图3.330所示。

（7）雕刻鹦鹉的尾巴部分

按照前面雕刻鸟尾部的方法，雕刻出鹦鹉的尾巴。如图3.331所示。

（8）雕刻鹦鹉的腿爪部分

按照前面雕刻鸟腿爪部的方法，雕刻出鹦鹉对趾型的腿爪。

（9）整体修整成型

将雕刻好的鹦鹉各部位组合安装在一起，做成一个完整的雕刻作品。如图3.318所示。

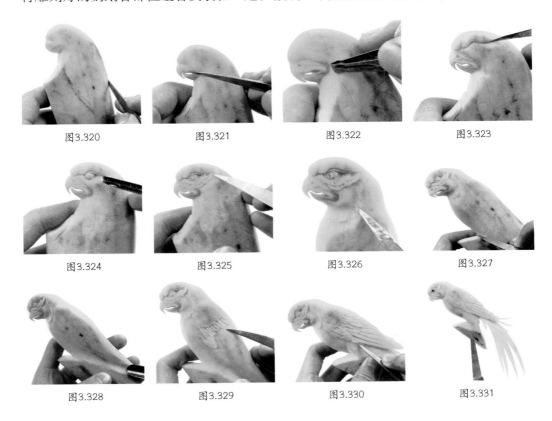

图3.320	图3.321	图3.322	图3.323
图3.324	图3.325	图3.326	图3.327
图3.328	图3.329	图3.330	图3.331

3.7.3　鹦鹉雕刻成品要求

①鹦鹉各个部位比例恰当，特征突出，其嘴呈钩状。

②雕刻刀法熟练、准确，作品刀痕少。

3.7.4　鹦鹉雕刻注意事项及要领

①对鹦鹉的形态特征、翅膀、尾巴等结构要熟悉。

②雕刻时，应结合喜鹊的雕刻方法和技巧，对前面所学的鸟各部位的雕刻要认真练习，熟练掌握。

③鹦鹉的嘴比较像老鹰的钩形嘴，头部比较大而且外形特点突出，雕刻时要把握好。

④鹦鹉的尾巴比较长，可以借鉴喜鹊尾巴的雕刻方法。

⑤可以采用组合雕的方式进行雕刻。嘴巴、尾巴、腿爪和翅膀可以分别用不同的原料单独雕刻好，然后再粘上去。这样姿态变化就比较灵活，而且色彩更加丰富。

3.7.5 鹦鹉雕刻作品的应用

主要用于盘饰和雕刻看盘的制作。如图3.332～图3.334所示。

图3.332 禽趣——鹦鹉闹丰收

图3.333

图3.334

3.7.6 主题知识延伸

鹦鹉雕刻造型艺术在艺术冷拼中的运用。如图3.335～图3.340所示。

图3.335

图3.336

图3.337

图3.338

图3.339

图3.340

思考与练习

1.鹦鹉比较突出的形态特征有哪几点？

2.雕刻鹦鹉的嘴时，应注意哪些问题？

任务8 实用禽鸟雕刻实例——锦鸡

图3.341

图3.342

图3.343

3.8.1 红腹锦鸡相关知识介绍

红腹锦鸡又名金鸡、山鸡、采鸡等，为中国特有。雄鸟羽色华丽，头具金黄色丝状羽冠，上体除上背浓绿色外，其余为金黄色，后颈披有橙棕色并缀有黑边的扇状羽，形成披肩状。下体深红色，尾羽比较长，中间一对尾羽黑褐色，满缀以黄色斑点；外侧尾羽黄色而具黑褐色波状斜纹；最外侧3对尾羽栗褐色，具黑褐色斜纹。脚黄色，全身羽毛颜色互相衬

托，赤橙黄绿青蓝紫俱全，光彩夺目，是驰名中外的观赏鸟类。

人们认为红腹锦鸡是传说中的"凤凰"。自古以来，红腹锦鸡深受人们喜爱，人们将红腹锦鸡作为吉祥、好运、喜庆、福气、美丽、高贵的象征。"金鸡报晓""前程似锦""锦上添花"都等是中国传统艺术中常见的题材。

在食品雕刻中，锦鸡的头、尾部是雕刻的重点和难点。雕刻头部羽冠时可以借鉴鸳鸯羽冠的雕刻方法。另外，锦鸡的披肩羽是其重要特征，雕刻时要注意和一般羽毛的形状相区别。锦鸡的尾巴很长，长度可以是其身体的两倍。

3.8.2 锦鸡的雕刻过程（采用不同颜色的原料组合雕刻）

图3.344 锦上添花

图3.345

1）主要原材料

胡萝卜、南瓜、青萝卜、心里美萝卜、紫薯等。

2）雕刻工具

雕刻主刀、U形戳刀、划线刀、砂纸、502胶水等。

3）制作步骤

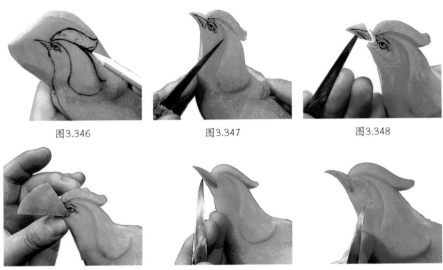

图3.346　　　　　　　　图3.347　　　　　　　　图3.348

图3.349　　　　　　　　图3.350　　　　　　　　图3.351

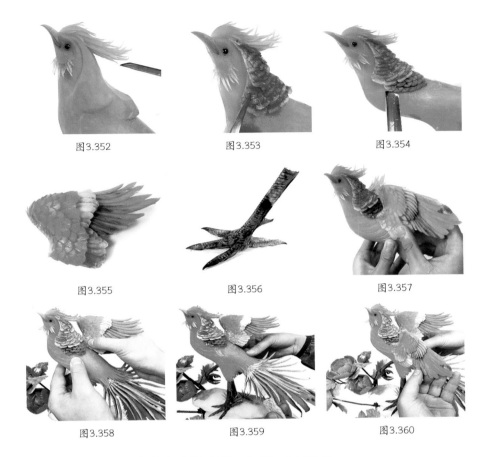

图3.352　　　　　　　　　图3.353　　　　　　　　　图3.354

图3.355　　　　　　　　　图3.356　　　　　　　　　图3.357

图3.358　　　　　　　　　图3.359　　　　　　　　　图3.360

①在原料上画出锦鸡的姿态和身体大形。如图3.346所示。

②雕刻锦鸡的头颈部分、翅膀和脚爪。

A. 取一根胡萝卜，将一端切成楔形（斧棱形），并在原料上画出锦鸡头颈部分的大形。如图3.346所示。

B. 从鸟嘴下刀，雕刻出锦鸡头、颈、背部的整体大形（外形轮廓）。如图3.347所示。

C. 去掉锦鸡的尖形嘴，形成一个三角形的缺口。在心里美萝卜表皮雕刻出一块三角形的料，放入缺口处并用502胶水粘牢。如图3.348和图3.349所示。

D. 雕刻出鸟嘴三角形的大形，戳出嘴角线。如图3.350所示。

E. 雕刻出锦鸡的眼睛和头顶上金黄色的丝状羽冠。如图3.351和图3.352所示。

F. 用心里美萝卜雕刻出呈扇形的块状料，切片后用胶水逐片贴在锦鸡披肩羽的大形上。如图3.353和图3.354所示。

G. 用胡萝卜、心里美萝卜、南瓜等原料分别雕刻出翅膀，然后用胶水完整地粘接在一起，形成一个半打开的翅膀形状。如图3.355所示。

H. 用紫薯雕刻出锦鸡的脚爪。如图3.356所示。

③雕刻锦鸡的躯干、尾部羽毛部分。

④组装成型。

A. 将雕刻好的锦鸡翅膀、尾羽安在雕刻好的躯干上。如图3.357和图3.358所示。

B.将雕刻好的牡丹花、假山、小草、花叶等与主体锦鸡有机地安装组合在一起，做成一个完整的雕刻作品。如图3.344和图3.345所示。

3.8.3 锦鸡雕刻成品要求

①锦鸡各个部位比例恰当，特征突出。

②锦鸡形态生动、逼真，色彩鲜艳丰富。

③雕刻刀法熟练、准确，作品刀痕少。

3.8.4 雕刻注意事项及要领

①熟悉锦鸡形态、头部、翅膀、尾巴等特征。

②雕刻时，应结合喜鹊的雕刻方法和技巧。

③锦鸡的主要特征在头和尾，雕刻时，要注意把握，表现准确。

④锦鸡的主尾羽比较长，雕刻方法可以借鉴喜鹊尾巴的雕刻方法。

⑤由于采用多种颜色原料组合雕的方式进行，因此，要注意各种原料、各个部位之间的衔接，力求自然协调，整体效果好。

3.8.5 锦鸡雕刻作品的应用

①主要用于主题雕刻展台和雕刻看盘的制作。如图3.361～图3.364所示。

②锦鸡类主题雕刻主要用于升学、升迁、送行等主题宴会中。

图3.361

图3.362

图3.363

图3.364

3.8.6　锦鸡雕刻知识的延伸

①锦鸡雕刻造型技能在艺术冷拼中的运用。如图3.365～图3.370所示。

图3.365

图3.366

图3.367

图3.368

图3.369

图3.370

②采用南瓜整雕锦鸡头。如图3.371～图3.385所示。

图3.371

图3.372

图3.373

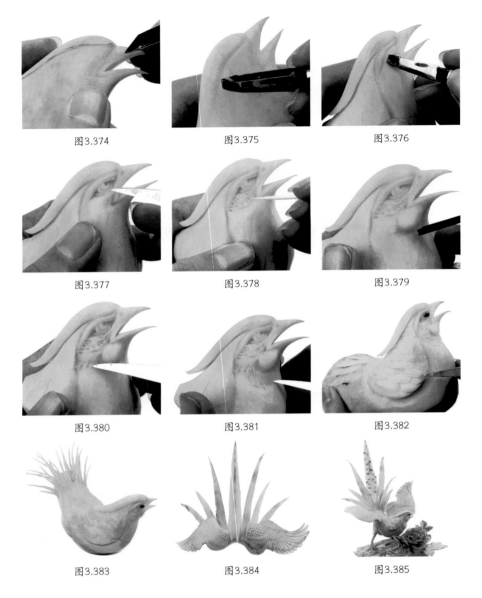

图3.374　　　　　　　　图3.375　　　　　　　　图3.376

图3.377　　　　　　　　图3.378　　　　　　　　图3.379

图3.380　　　　　　　　图3.381　　　　　　　　图3.382

图3.383　　　　　　　　图3.384　　　　　　　　图3.385

思考与练习

1.锦鸡的主要形态特征有哪些?

2.制作以锦鸡为主题的食品雕刻看盘。

任务9　实用禽鸟雕刻实例——雄鹰

图3.386

图3.387

图3.388

3.9.1　鹰的相关知识介绍

　　广义的鹰泛指小型至中型的白昼活动的隼形目鸟类。广义的鹰常用来称呼鹰科的其他种鸟类。鹰主要有金雕、白肩雕、玉带海雕、白尾海雕、鸢、大鵟、秃鹫、兀鹫、胡兀鹫、高山兀鹫等。鹰是众多猛禽的典型代表，飞翔能力极强，是视力最好的动物之一。在我国，最常见的有苍鹰、雀鹰和松雀鹰3种。鹰体形较大，体态雄健，嘴弯曲似钩，蜡膜裸出，两眼侧置，翅膀宽大、刚劲有力。尾羽形状呈扇形，多数为12枚。脚和趾强健有力，通常3趾向前，1趾向后，呈不等趾型。趾端钩爪锐利，体羽色较单调，多数为灰褐、棕褐或灰白色混合斑纹羽色。以上特征说明鹰是自然界中的好猎手。

　　鹰多在白天活动，它们善于捕猎，飞行技巧高超，给人以勇猛威武的气势。雄鹰一旦发现猎物，并不会急于出击，往往会先在天空盘旋几圈，通过对猎物的观察，它们会选择最好的时间、最佳的俯冲路线抓捕猎物，一旦出手，必求一击必中。

　　鹰的眼神凌厉，疾飞如风，勇猛睿智。鹰是最能证明天空的浩瀚无边和心灵的通脱旷达的飞鸟。在人类心目中是力量和速度的象征。人们将勇士比作"雄鹰"，将战机称为"战鹰"。这种"鹰击长空竞自由"的精神，已经深深烙印在了人们的心里。"鹏程万里""大展宏图""壮志凌云"等就是把鹰作为表现题材。

　　在食品雕刻中，鹰的雕刻非常有特点，运用了很多夸张的雕刻手法和造型，重点是头部、翅膀和脚爪、羽毛的刻画。总之，要把鹰独特的气质表现出来。

3.9.2　雄鹰雕刻过程

　　1）主要原材料

　　胡萝卜、南瓜、香芋等。

　　2）雕刻工具

　　雕刻主刀、U形戳刀、划线刀等。

图3.389   图3.390

3）制作步骤

（1）鹰头颈部的雕刻

雕刻的方法和技巧可以借鉴鹦鹉头部的雕刻。如图3.391～图3.402所示。

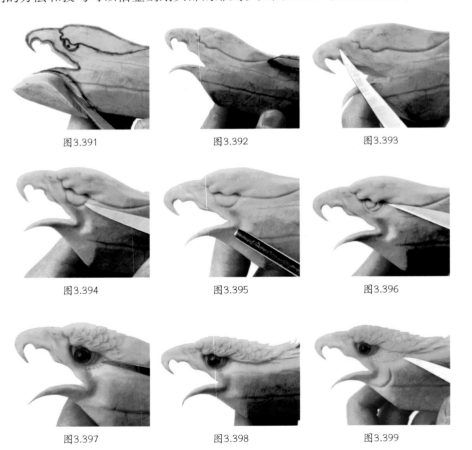

图3.391   图3.392   图3.393

图3.394   图3.395   图3.396

图3.397   图3.398   图3.399

图3.400 　　　　　　　图3.401 　　　　　　　图3.402

①取一块原料，在原料上画出鹰头部的大形以及鹰的嘴、眼等。如图3.391所示。
②雕刻出鹰钩形的嘴和鹰的眼线。如图3.392所示。
③雕刻出鹰嘴上的老皮。如图3.393所示。
④戳出鹰的嘴角线，雕刻出鹰的眼睛。如图3.394～图3.398所示。
⑤雕刻出鹰头部各部位的羽毛。如图3.399～图3.402所示。
（2）鹰身体、尾巴和翅膀的雕刻

图3.403 　　　　　图3.404 　　　　　图3.405

图3.406 　　　　　图3.407 　　　　　图3.408

图3.409 　　　　　图3.410 　　　　　图3.411

①将雕刻好的鹰头部接在原料上，根据头部的大小和姿态雕刻出鹰的躯干大形，并用主刀雕刻出躯干上的羽毛。如图3.403所示。
②雕刻出鹰的翅膀，覆羽和飞羽分开雕刻，然后组合在一起。如图3.404～图3.410所示。
③雕刻出鹰的尾巴。如图3.411所示。

（3）鹰腿爪的雕刻

采用组合雕的方式，如图3.412～图3.417所示。

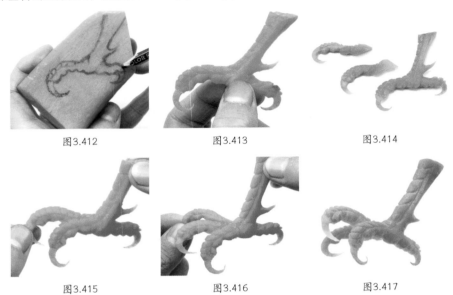

图3.412　　　　　　　图3.413　　　　　　　图3.414

图3.415　　　　　　　图3.416　　　　　　　图3.417

①取一块原料，在上面画出鹰脚爪的大形。如图3.412所示。

②雕刻出鹰爪的中趾和后趾。如图3.413所示。

③雕刻出鹰爪的外趾和内趾，并分别粘接在中趾的两边。如图3.414～图3.415所示。

（4）组装成型

组装成型。如图3.389和图3.390所示。

3.9.3　雄鹰雕刻成品要求

①雄鹰形态生动、逼真，各个部位比例恰当，特征突出。

②雕刻刀法熟练、准确，作品刀痕少。

3.9.4　雄鹰雕刻注意事项及要领

①对鹰的形态特征、翅膀、尾巴和腿爪等结构要熟悉。

②雕刻时，应采用写实和写意相结合的雕刻手法进行创作。

③鹰雕刻的重点在头、爪和翅膀。在雕刻时，可以适当夸张一点。

④在雕刻鹰的羽毛时，既不要太规则，也不要太乱。羽毛的排列应长短结合。取废料时可以下刀深一点，取厚一点，使羽毛有如风吹起的感觉。

⑤鹰的眼睛大约在额头与嘴角1/2处，尽量靠近嘴边，这样鹰显得更凶猛。

⑥可以采用组合雕的方式进行雕刻，尾巴、腿爪和翅膀可以分别单独雕刻好，然后再组合。

3.9.5　鹰类雕刻作品的应用

①主要用于主题雕刻展台和雕刻看盘的制作。如图3.418～图3.421所示。

②雄鹰类主题雕刻主要用于升学、升迁、送行、商务洽谈以及开业庆典等主题宴会中。

图3.418

图3.419

图3.420

图3.421

3.9.6 主题知识延伸

①雄鹰头部雕刻造型的变化——闭嘴鹰头。如图3.422所示。

②雄鹰雕刻造型艺术在艺术拼盘和热菜中的运用。如图3.423～图3.425所示。

图3.422　闭嘴鹰头部

图3.423

图3.424

图3.425　热菜

 思考与练习

1. 雄鹰的形态特征主要有哪些？在食品雕刻中应该怎样表现？

2. 雄鹰的头部和脚爪部分在雕刻时各有哪些雕刻技巧？

任务10　实用禽鸟雕刻实例——雄鸡

图3.426

图3.427

图3.428

3.10.1　雄鸡相关知识介绍

　　雄鸡即公鸡，是人类普遍饲养的家禽。雄鸡品种很多。公鸡是生物钟家禽，啼能报晓。公鸡体格健壮，头昂尾翘，身体具有典型的U字形特征；翅膀短，不能高飞；羽毛紧密、有光泽；行动灵活，活泼好动。单冠直立，有5～6个冠齿；耳垂和肉髯均为鲜红色，喙短而尖；成年公鸡背部、尾部羽毛有彩色的金属光泽；脚爪粗壮，脚趾前三后一，小腿上还有距。

　　鸡是太阳的使者或传令者，也是十二生肖中的一属。数千年来，公鸡留下了许多美好的神话传说。我国古代称它为"五德之禽"。《韩诗外传》说，它头上有冠，是文德；足后有距能斗，是武德；敌在前敢拼，是勇德；有食物招呼同类，是仁德；守夜不失时，守时报晓，是信德。现代人们赞美鸡，主要是赞美鸡的武勇之德和守时报晓之信德。因此，人们不仅在过年时剪鸡，而且也把新年首日定为鸡日。传说鸡还是日中乌，鸡鸣日出，带来光明，能够驱逐妖魔鬼怪。

雄鸡形体健美，毛色华丽，气宇轩昂，行动敏捷，是时间的使者，勤奋的化身，与人们生活关系密切。雄鸡的气魄和英姿，自古以来就深受文人墨客的赏识，常以雄鸡作为诗、画创作的素材。

在食品雕刻中，雄鸡雕刻的时候定大形特别重要，要点就是其身体背部呈U字形，要仰头挺胸、翘尾。这样才能表现出雄鸡的气质来。

3.10.2　雄鸡雕刻过程

图3.429　　　　　　　　　　　　图3.430

1）主要原材料

胡萝卜、南瓜、香芋、青萝卜等。

2）雕刻工具

雕刻主刀、拉刻刀、戳刀、划线刀等。

3）制作步骤

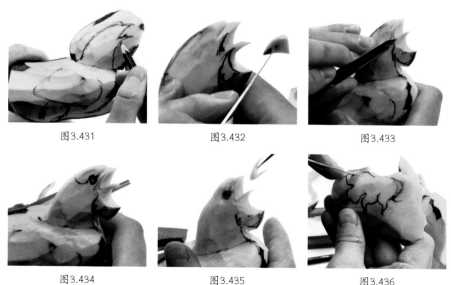

图3.431　　　　　　　　图3.432　　　　　　　　图3.433

图3.434　　　　　　　　图3.435　　　　　　　　图3.436

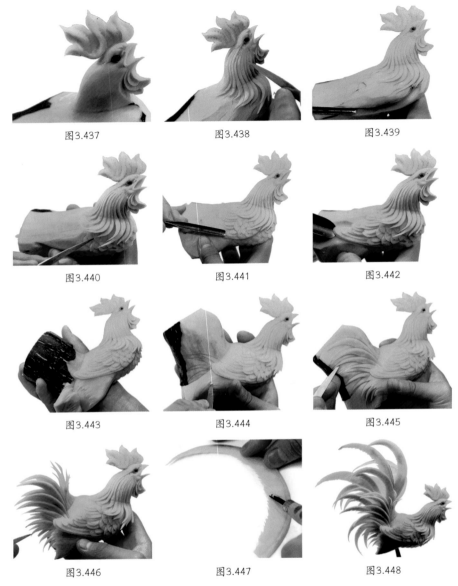

图3.437　　　　　　　　图3.438　　　　　　　　图3.439

图3.440　　　　　　　　图3.441　　　　　　　　图3.442

图3.443　　　　　　　　图3.444　　　　　　　　图3.445

图3.446　　　　　　　　图3.447　　　　　　　　图3.448

（1）选料

根据雄鸡的姿态粘接原料，把雄鸡的大形画在上边。如图3.431所示。

（2）雕刻雄鸡的头颈部分

①雕刻出雄鸡头颈部分的大形，刻出张开的鸡嘴。如图3.432所示。

②用V形戳刀戳出鸡嘴的嘴角线。如图3.433所示。

③确定眼睛的位置，雕刻出鸡下嘴的肉坠。如图3.434所示。

④雕刻出鸡的眼睛，用主刀雕刻出鸡舌头。如图3.435所示。

⑤取一块原料，画出鸡冠的形状，并雕刻出来。如图3.436所示。

⑥雕刻出雄鸡的肉坠，粘上鸡冠，并把头颈部分修整光滑。如图3.437所示。

⑦雕刻出雄鸡脖颈上的羽毛。如图3.438所示。

（3）雕刻雄鸡的躯干和翅膀部分

①雕刻出雄鸡的躯干大形，并用U形戳刀或U形拉刻刀雕刻出雄鸡翅膀的大形。如图3.439所示。

②雕刻出雄鸡翅膀的覆羽。如图 3.440所示。

③雕刻出雄鸡翅膀的飞羽。如图3.441和图3.442所示。

④雕刻出雄鸡大腿上的羽毛。如图3.443所示。

（4）雕刻出雄鸡的主尾羽和副尾羽

雕刻出雄鸡的主尾羽和副尾羽。如图3.444～图3.447所示。

（5）组装成型

组装成型。如图3.448所示。

3.10.3　雄鸡雕刻成品要求

①雄鸡形象生动、逼真。

②各个部位比例恰当，雕刻刀法熟练、准确，作品刀痕少。

③废料去除干净，无残留。

3.10.4　雄鸡雕刻注意事项及要领

①对雄鸡的形态特征，翅膀、尾巴的羽毛结构要熟悉。

②雕刻前应先在纸上画一下雄鸡形象。

③雄鸡在造型上应抬头挺胸、翘尾，背部呈U字形。

④雄鸡的尾巴可以单独雕刻好，然后再粘上去。

⑤雄鸡尾巴羽毛应该长短有变化，粘接角度有变化。这样显得自然、美观。

3.10.5　雄鸡类雕刻作品的应用

雄鸡类雕刻作品主要用于盘饰和雕刻看盘的制作。如图3.449～图3.452所示。

图3.449

图3.450

图3.451 图3.452

3.10.6 主题知识延伸

1）雄鸡雕刻造型艺术在艺术冷拼中的运用

雄鸡雕刻造型艺术在艺术冷拼中的运用如图3.453～图3.456所示。

图3.453 图3.454

图3.455 图3.456

2）雄鸡雕刻知识在其他鸟类雕刻中的运用

雄鸡雕刻知识在其他鸟类雕刻中的运用如图3.457～图3.459所示。

图3.457

图3.458

图3.459

1. 雄鸡主要的形态特征有哪些?

2. 雕刻雄鸡时有哪些注意事项和要领?

任务11　实用禽鸟雕刻实例——孔雀

图3.460

图3.461

图3.462

3.11.1　孔雀相关知识介绍

　　孔雀又名为越鸟。孔雀是一种大型的陆栖雉类,有绿孔雀、蓝孔雀、黑孔雀和白孔雀。孔雀群居在热带森林中或河岸边,也有生活在灌木丛、竹林、树林的开阔地的。孔雀多见成对活动,也有三五成群的。孔雀的食物以蘑菇、嫩草、树叶、白蚁和其他昆虫为主。雄孔雀头顶上有羽冠,颈部羽毛呈绿色或蓝色,多带有金属光泽。雄孔雀的尾毛很长,羽支细长,犹如金绿色丝绒,其末端有众多由紫、蓝、黄、红等颜色构成的大形眼状斑。开屏时如彩扇,反射着光彩,好像无数面小镜子,鲜艳夺目,尤为艳丽。尾屏主要由尾部上方的覆羽构成,这些覆羽极长,羽尖具虹彩光泽的眼圈周围绕以蓝色及青铜色。求偶表演时,雄孔雀将尾屏下的尾部竖起,从而将尾屏竖起及向前,尾羽颤动,闪烁发光,并发出嘎嘎响声。这就

147

是所谓的"孔雀开屏"。雌孔雀无尾屏，背面浓褐色，没有雄孔雀美丽。

孔雀被视为最美丽的观赏鸟，是吉祥、善良、美丽、华贵的象征。无论在古代东方还是西方都是尊贵的象征。在东方的传说中，孔雀是由百鸟之王凤凰得到交合之气后育生的，与大鹏为同母所生，被如来佛祖封为大明王菩萨。在西方的神话中，孔雀则是天后赫拉的圣鸟，因为赫拉在罗马神话中被称为朱诺，所以孔雀又被称为"朱诺之鸟"。

由于孔雀的体形巨大，在食品雕刻中，多采用组合雕的方式进行雕刻。孔雀的头呈三角形，尾羽要大，色彩上应尽量多变化。造型上一般配牡丹花、玉兰花、月季花、山石、树木等。

图3.463

图3.464

3.11.2 孔雀雕刻过程

图3.465

图3.466

1）主要原材料

萝卜类、南瓜类、香芋等。

2）雕刻工具

雕刻主刀、拉刻刀、戳刀、划线刀等。

3）制作步骤

（1）雕刻孔雀的头颈部分

①取一块南瓜，在原料上画出孔雀头颈的大形。如图3.467所示。

②雕刻出头颈部分的大形，刻出张开的孔雀嘴。如图3.468所示。

③用主刀把上下嘴壳的棱角去掉。用V形戳刀戳出孔雀的嘴角线。如图3.469和图3.470所示。

④确定眼睛的位置，雕刻出孔雀眼睛的上眼线。如图3.471所示。

⑤雕刻出孔雀的眼睛。如图3.472和图3.473所示。

⑥确定孔雀的下颌、脸颊、耳羽的位置，并雕刻出来。如图3.474～图3.477所示。

⑦把孔雀头部修整光滑，雕刻出孔雀的头翎，并粘上。如图3.478所示。

⑧雕刻出孔雀脖颈的形状和姿态。如图3.479所示。

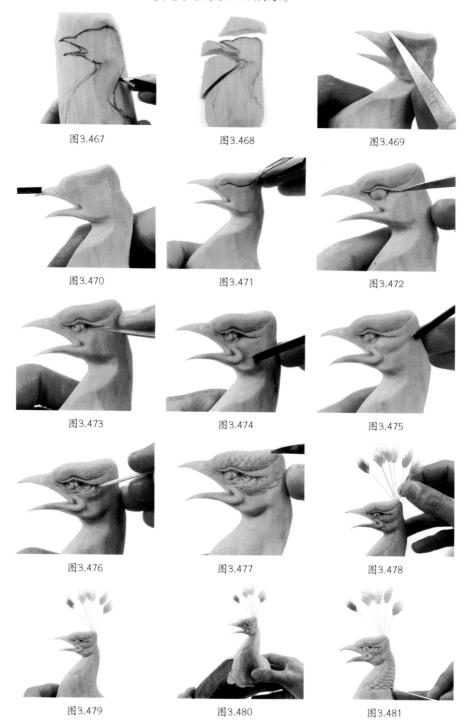

图3.467　　　　　图3.468　　　　　图3.469

图3.470　　　　　图3.471　　　　　图3.472

图3.473　　　　　图3.474　　　　　图3.475

图3.476　　　　　图3.477　　　　　图3.478

图3.479　　　　　图3.480　　　　　图3.481

（2）雕刻孔雀的躯干部分

①根据确定好的孔雀整体姿态，选好雕刻躯干的原料。

②将雕刻好的孔雀头颈部分按照要求粘接在原料上。如图3.480所示。

③雕刻出孔雀脖颈部的鳞羽。如图3.481所示。

④采用雕刻锦鸡躯干的方法和技巧雕刻出孔雀的躯干。

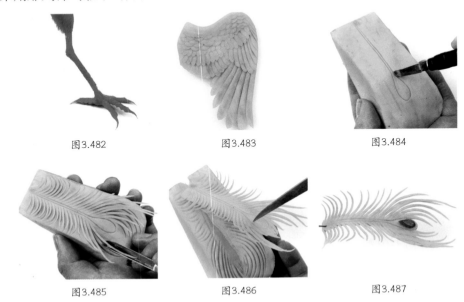

图3.482　　　　　　　图3.483　　　　　　　图3.484

图3.485　　　　　　　图3.486　　　　　　　图3.487

（3）雕刻孔雀的翅膀和尾羽

①采用锦鸡翅膀雕刻的方法和技巧雕刻出孔雀的翅膀。如图3.483所示。

②雕刻出孔雀尾部的羽毛。如图3.484～图3.487所示。

（4）雕刻孔雀的腿爪

采用雕刻锦鸡腿爪的方法和技巧雕刻出孔雀的腿爪。如图3.482所示。

（5）组装成型

将雕刻成型的孔雀部件组合成完整的作品。如图3.465和图4.466所示。

3.11.3　孔雀雕刻成品要求

①孔雀形象生动、逼真。

②孔雀各个部位比例恰当，翅膀和腿爪的位置、大小适当。

③雕刻刀法熟练、准确。废料去除干净，无残留，作品刀痕少。

3.11.4　孔雀雕刻注意事项及要领

①对孔雀的形态特征，翅膀、尾巴的羽毛结构要熟悉。

②雕刻前，应先在纸上画一下孔雀的形象。

③孔雀的脖子比较长，雕刻时，要正确把握其姿态变化。

④孔雀的尾巴羽毛比较多，可以单独雕刻好，然后再粘上去。

⑤孔雀头部呈三角形，雕刻时应注意正确把握和控制。

⑥孔雀的尾巴较大,是其身体的3倍以上,可以适当夸张一点。

3.11.5 孔雀类雕刻作品的应用

主要用于雕刻看盘和展台的制作。如图3.488～图3.490所示。

图3.488

图3.489

图3.490

3.11.6 主题知识延伸

孔雀雕刻造型艺术在烹饪中的运用。如图3.491～图3.496所示。

图3.491

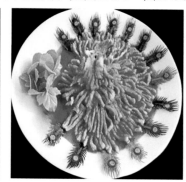
图3.492

图3.493

图3.494

图3.495

图3.496

思考与练习

1.雄孔雀的主要形态特征有哪些?

2.孔雀雕刻与锦鸡雕刻有何异同点?

任务12 实用禽鸟雕刻实例——凤凰

图3.497   图3.498   图3.499   图3.500

3.12.1 凤凰相关知识介绍

凤凰是中国古代传说中的"百鸟之王"。凤凰和龙一样为中华民族的图腾。相传轩辕黄帝统一了三大部落,72个小部落,建立起世界上第一个有共主的国家。黄帝打算制定一个统一的图腾,在原来各大小部落使用过的图腾的基础上,创造了一个新的图腾——龙。龙的图腾组成后,还剩下一些部落图腾没有用上,这又如何是好呢?黄帝第一妻室嫘祖是一位绝顶聪明的女人。嫘祖受到黄帝制定的新图腾的启示后,把剩余下来各部落的图腾,经过精心挑选,仿照黄帝制定龙的图腾的方法:孔雀头、天鹅身、金鸡翅、金山鸡羽毛、金色雀颜色……组成了一对漂亮华丽的大鸟。造字的仓颉替这两只大鸟取名叫"凤"和"凰"。凤,代表雄,凰,代表雌,连起来就叫"凤凰"。这就是"凤凰"的来历。

凤凰和麒麟一样,是雌雄统称,雄为凤,雌为凰,其总称为凤凰。凤和凰不是任何现实中存在的鸟类的别称或化身,是因为有了"凤凰"这个概念以后,人们才试图从现实中找到一些鸟的形象,去附和、实体化这种并不存在于现实之中的凤凰。

凤凰性格高洁,非晨露不饮,非嫩竹不食,非千年梧桐不栖。传说凤凰每次死后,周身会燃起大火,然后在烈火中获得重生,并获得较之以前更强大的生命力,称为"凤凰涅槃"。周而复始,凤凰获得了永生。

凤凰也是中国皇权的象征,常和龙一起使用,凤从属于龙。龙凤呈祥是最具中国特色的图腾。民间美术也有大量的类似造型。凤也代表阴,尽管凤凰也分雄雌,但一般将其看作阴性。而凤凰亦有"爱情""夫妻"的意思。总之,凤凰是人们心目中的吉祥鸟,是尊贵、崇高、贤德的象征,也象征天下太平、社会和谐等。

据现存文献推断,凤凰具有以下特征:

①凤凰形体甚高，六尺至一丈，不善飞行，穴居。

②凤凰喙如鸡，颌如燕，具有柔而细长的脖颈（蛇颈）。

③凤凰背部隆起似龟背，羽毛上有花纹，尾毛分叉如鱼尾。

④凤凰雌雄鸣叫不同声（雄曰"唧唧"，雌曰"足足"）。

⑤凤凰以植物为食（竹根），好结集为群，来则成百。

⑥凤凰足脚甚高（体态如鹤），行走步态倨傲而善于舞蹈。

由于凤凰是传说中的神鸟，因此它的形态特征、特点就没有一个固定的标准。但是，在食品雕刻中，仍然要把凤凰的特征、特点雕刻出来。凤凰的体形巨大，结构复杂，所以主要采用组合雕的方式进行雕刻。

3.12.2 凤凰身体部位结构

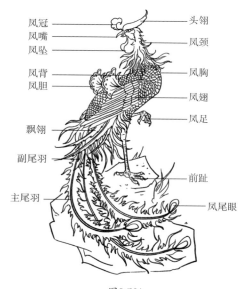

图3.501

  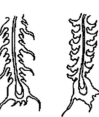 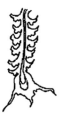    

火焰式　　软刺式　　草叶式　　硬刺式　　虎纹式　　草叶式　　火焰式

图3.502 适合雕刻的凤尾式样参考图

图3.503 凤胆（相思羽）式样参考图

3.12.3 凤凰雕刻过程

图3.504

图3.505

图3.506

图3.507

1）主要原材料

胡萝卜、南瓜、青萝卜、香芋等。

2）雕刻工具

雕刻主刀、拉刻刀、戳刀、划线刀等。

3）制作步骤

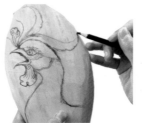

图3.508

图3.509

图3.510

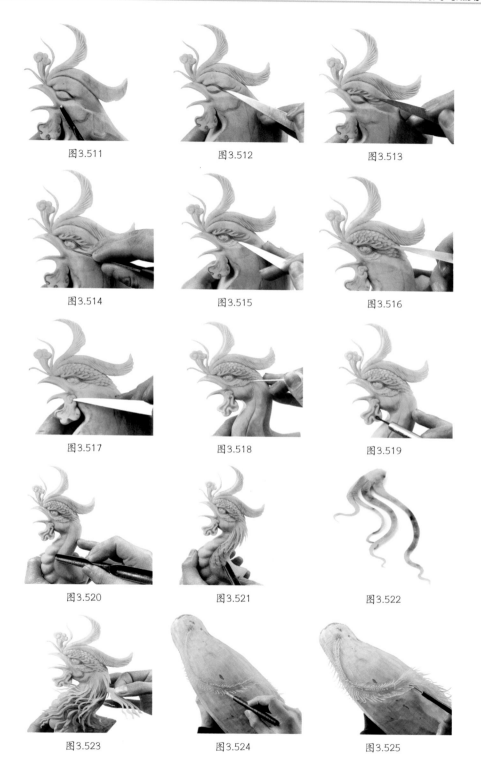

图3.511

图3.512

图3.513

图3.514

图3.515

图3.516

图3.517

图3.518

图3.519

图3.520

图3.521

图3.522

图3.523

图3.524

图3.525

| 图3.526 | 图3.527 | 图3.528 |

（1）选料

根据凤凰的姿态和整体造型需要，选择方便雕刻的原料。

（2）雕刻凤凰的头颈部分

①在原料上画出凤凰头颈部分的大形。如图3.508所示。

②雕刻出头颈部分的大形，同时，雕刻出张开的凤嘴、凤冠、头翎、凤坠等的大形。如图3.509和图3.510所示。

③用V形戳刀戳出凤嘴的嘴角线，雕刻出凤凰凤冠、头翎部分的细节。如图3.511所示。

④确定凤凰眼睛的位置，雕刻出凤凰的眉毛和眼睛。如图3.512～图3.516所示。

⑤雕刻出凤凰下嘴的肉坠。如图3.517～图3.519所示。

⑥雕刻出凤凰脖颈的羽毛并组装成型。如图3.520～图3.523所示。

⑦给雕刻好的凤凰头颈装上眼睛。如图3.526～3.528所示。

（3）雕刻出凤凰的主尾羽

雕刻出凤凰的主尾羽。如图3.524和图3.525所示。

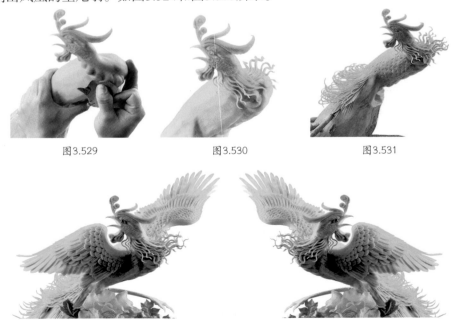

| 图3.529 | 图3.530 | 图3.531 |

| 图3.532 | 图3.533 |

（4）雕刻凤凰的躯干和翅膀部分

①将雕刻好的凤凰头颈粘接在躯干坯料上。雕刻出凤凰的躯干大形并修整成型后用砂纸打磨光滑。如图3.529和图3.530所示。

②雕刻出凤凰躯干的细节，用V形戳刀或V形拉刻刀雕刻出凤凰的尾上覆羽和副尾羽。如图3.531所示。

③雕刻出凤凰展开的翅膀。如图3.532和图3.533所示。

（5）组装成型

组装成型。如图3.506和图3.507所示。

3.12.4　凤凰雕刻成品要求

①整体完整，形象生动、逼真。

②凤凰各个部位比例恰当，雕刻刀法熟练、准确，作品刀痕少。

③废料去除干净，无残留。

3.12.5　凤凰雕刻注意事项及要领

①对凤凰的形态特征、外形结构要熟悉。

②雕刻前，应先在纸上画一下凤凰的外形。

③雕刻凤凰一般都采用组合雕刻的方式进行。

④凤凰的形象有很多变化，但雕刻的方法和步骤是一样的，在具体的雕刻中可以灵活掌握。

⑤凤凰尾巴羽毛在组装时应该注意粘接角度的变化，要显得自然美观，飘逸潇洒。

⑥凤凰雕刻作品特别适宜与龙、花草、竹木搭配。

3.12.6　凤凰类雕刻作品的应用

凤凰类雕刻作品主要用于雕刻展台和雕刻看盘的制作。如图3.534～图3.537所示。

图3.534

图3.535

图3.536

图3.537

3.12.7 主题知识延伸

凤凰雕刻造型艺术在烹饪中的运用。如图3.538~图3.543所示。

图3.538

图3.539

图3.540

图3.541

图3.542

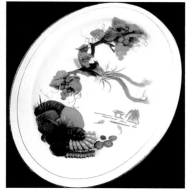

图3.543

 思考与练习

1.凤凰的主要形态特征有哪些?

2.凤凰在雕刻方法上和孔雀有何异同?

实用鱼虾类雕刻

图4.1

图4.2

　　鱼虾类动物，栖居于地球上几乎所有的水生环境——从淡水的湖泊、河流到咸水的海洋。鱼虾类动物终年生活在水中，只有少部分可以离开水短暂地生活。鱼虾是用鳃呼吸，用鳍辅助身体平衡与运动的动物。鱼虾类动物大都生有适于游泳和适于水底生活的流线型体形。有些鱼类（如金鱼、热带鱼等）体态多姿、色彩艳丽，还具有较高的观赏价值。鱼虾类富含优质蛋白质和矿物质等，营养丰富，滋味鲜美，易被人体消化吸收，对人类身体发育和智力的发展具有重大作用，是重要的烹饪食材。

　　在中国，很多鱼类都以吉祥的内涵表现在传统文化上，比如利用"鱼"与"余"的谐音，来表达"年年有余""吉庆有余"的祥瑞之兆。年画中也有很多以鱼为内容的。另外，鱼也是激流勇进、聪明灵活、美好富有、人丁兴旺等美好内涵的象征。人们还用鱼和水难以分开的关系来代表恋人、夫妻之间的爱情。其中，鲤鱼和金鱼特别受到人们的喜爱。

任务1　鱼虾类雕刻的基础知识

图4.3

图4.4

图4.5

图4.6

图4.7

鱼虾类雕刻作品小巧玲珑，趣味十足，雕刻方法相对简单，而烹饪中很多菜点的主料就是一些鱼虾类原材料。因此，应用在这类菜点装饰中效果非常好，往往能起到画龙点睛、锦上添花的作用。

　　在雕刻过程中，要把每种鱼虾的基本特征和特点表现出来。不同鱼虾类的区别主要是整体形态的不同，头部的变化以及鱼鳍形状上的差异。而具体的雕刻刀法和方法基本上是一样的。

　　鱼类在姿态造型上主要有张嘴、闭嘴、摇头摆尾、弹跳等。虾类的比较简单，就是身体的自然弯曲，但是不能把虾身雕刻成卷曲状。对于鱼虾类，有些部位的雕刻也可以适当地变形和适度地夸张。如鱼尾、鱼鳍以及虾的颚足、步足等。

　　鱼类的基本结构：鱼的种类很多，在外形上差别很大，但是结构上的区别较小。鱼的身体可以分为鱼头、鱼身、鱼尾3部分。如图4.8所示。

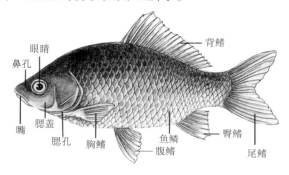

图4.8　鱼的外形结构图

　　鱼的头部主要有鱼嘴、鱼眼、鱼鳃、鼻孔，一部分鱼类在唇部还长有触须。鱼头所占身体的比例会因为鱼的种类不同而有所变化。鱼眼位于头部前方偏上的位置，不能闭合。鱼鳃是鱼的呼吸器官。鱼的鼻孔很小，不易发现。鱼身部分主要有鱼鳞、鱼鳍等。鱼尾比较灵活，有的像燕尾，有的像剪刀。

任务2　实用鱼虾类雕刻实例——鲤鱼

图4.9　　　　　　　　　　　　　　　　　　图4.10

4.2.1　鲤鱼相关知识介绍

　　鲤鱼是在亚洲原产的温带淡水鱼。在中国和日本，鲤鱼很早就被当作观赏鱼或食用鱼。

鲤鱼经人工培育的品种很多，其体态颜色各异，深受大家喜爱。鲤鱼整体外形呈三角形，头占身体比例比较小。背鳍的根部长，没有腹鳍。通常口边有须，个别没有须。鲤鱼属于底栖杂食性鱼类，荤素兼食。

鲤鱼是我国传统的吉祥物，人们有爱鲤崇鲤的习俗。传说春秋时期，孔子的夫人生下一个男孩，恰巧友人送来几尾鲤鱼。孔子"嘉以为瑞"，为儿子取名鲤，字伯鱼。由此可见，在春秋时人们就已经开始把鲤鱼看作祥瑞之物，"鲤鱼跳龙门"的故事更是广为流传。

在食品雕刻中，鲤鱼的形态一般雕刻成跳跃、游动的样子，其变化主要是尾部和尾鳍的姿态。作为初学者，可以先雕刻简单一点的姿态，再慢慢增加难度。

4.2.2　鲤鱼雕刻过程

图4.11

图4.12

1）主要原材料

南瓜、胡萝卜、青萝卜、香芋等。

2）雕刻工具

雕刻主刀、U形戳刀、V形拉刻刀。

3）制作步骤

①雕刻鲤鱼的大形

第一，取一块状厚料，在上面勾画出鲤鱼的大致轮廓。如图4.13所示。

第二，用主刀或拉刻刀沿着鲤鱼的大致轮廓雕刻出鲤鱼的大形。如图4.14所示。

第三，在大形上确定鲤鱼的头、身、尾3个部位的位置和形状。

②用U形戳刀雕刻出鲤鱼的鱼嘴。如图4.15所示。

③用主刀雕刻出鲤鱼尾鳍的大形。如图4.16所示。

④用拉刻刀雕刻出鲤鱼比较鼓的肚皮。如图4.17所示。

⑤用砂纸把鲤鱼的坯料表面打磨光滑。如图4.18所示。

⑥用小号U形戳刀雕刻出鲤鱼的眼睛。如图4.19所示。

⑦雕刻出鲤鱼的鳃孔和腮盖上的纹路。如图4.20所示。

⑧用主刀或拉刻刀雕刻出鱼鳞，用V形戳刀雕刻出鳞片上的鳞骨。如图4.21和图4.22所示。

⑨用V形拉刻刀或主刀雕刻出鲤鱼尾鳍上的条纹。如图4.22所示。

⑩另取原料雕刻出鲤鱼的背鳍、胸鳍和臀鳍并粘接在鲤鱼的身体上。如图4.23和图4.24所示。

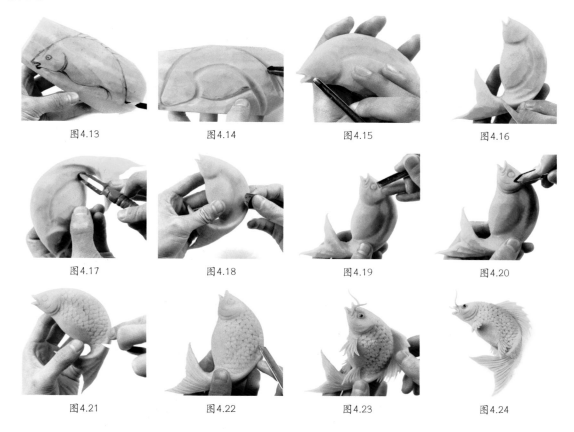

图4.13　　　　　　　图4.14　　　　　　　图4.15　　　　　　　图4.16

图4.17　　　　　　　图4.18　　　　　　　图4.19　　　　　　　图4.20

图4.21　　　　　　　图4.22　　　　　　　图4.23　　　　　　　图4.24

4.2.3　鲤鱼雕刻成品要求

①整体形象生动逼真，鲤鱼各部位比例准确。

②雕刻刀法娴熟，刀痕少，废料去除干净。

③鲤鱼的鳞片大小均匀，位置前后错开。

④鲤鱼眼睛位置准确，呈圆形突出。

4.2.4　鲤鱼雕刻要领及注意事项

①雕刻前，要熟悉鲤鱼的形态特征和各部位的特点，最好是先画一下。

②鲤鱼身体整体呈三角形，背鳍长度约占整个身体长度的一半。

③鲤鱼头部不要雕刻得太大，尾巴不要雕刻得偏小。

④雕刻鲤鱼鳞片时，应注意进刀的角度和去废料的角度。

⑤雕刻鱼鳞片时，一般从鱼头往鱼尾雕刻，从鱼背开始往鱼肚方向雕刻。

⑥雕刻时，鲤鱼的鳍、触须和尾巴在造型上可以适当夸张一点。

4.2.5　鲤鱼类雕刻作品的应用

①主要是用于雕刻盘饰和雕刻看盘的制作。如图4.25和图4.26所示。

②和其他雕刻成品搭配使用，作为主题雕刻作品中的一部分，起陪衬的作用。如图4.27和图4.28所示。

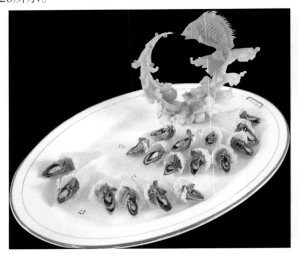

图4.25

图4.26

图4.27

图4.28

4.2.6　鲤鱼雕刻知识的延伸

鲤鱼雕刻造型艺术在烹饪中的运用。如图4.29～图4.31所示。

图4.29　　　　　　　　　图4.30　　　　　　　　　图4.31

1.基本刀法的训练，用主刀雕刻出鲤鱼的鳞片。

2.制作一个以鲤鱼为题材的看盘。

任务3　实用鱼虾类雕刻实例——金鱼

图4.32　　　　　　　　　图4.33　　　　　　　　　图4.34

4.3.1　金鱼相关知识介绍

金鱼起源于我国，也称"金鲫鱼"。金鱼已陪伴着人类生活了十几个世纪。金鱼是世界观赏鱼史上最早的品种。经过长时间培育，金鱼品种很多并不断优化。金鱼的颜色有红、橙、紫、蓝、墨、银白、五花等。金鱼是一种天然的活的艺术品，它们形态优美，身姿奇异，色彩绚丽，既能美化环境，又能陶冶情操，深受人们喜爱。在中国传统文化中，金鱼是我国传统的吉祥物，代表着吉祥美好、财富富裕等。作为世界上最有文化内涵的观赏鱼，至今仍向世人演绎着动静之美的传奇。

金鱼种类很多，其形态特征的区别很大，但是，在雕刻方法和雕刻刀法上几乎一样。龙眼金鱼是人们最熟悉的，在众多的金鱼种类中也是最有代表性的，它的形态特征最典型。龙眼金鱼身体小，尾巴大，眼睛突出，大如龙眼，姿态优美，色彩艳丽，因此在食品雕刻中，龙眼金鱼是主要的雕刻品种。

图4.35

图4.36

4.3.2　金鱼雕刻过程

1）主要原材料

南瓜、胡萝卜、心里美萝卜、红薯等。

2）雕刻工具

雕刻主刀、U形戳刀、V形拉刻刀。

3）制作步骤

图4.37

图4.38

图4.39

图4.40

图4.41

图4.42

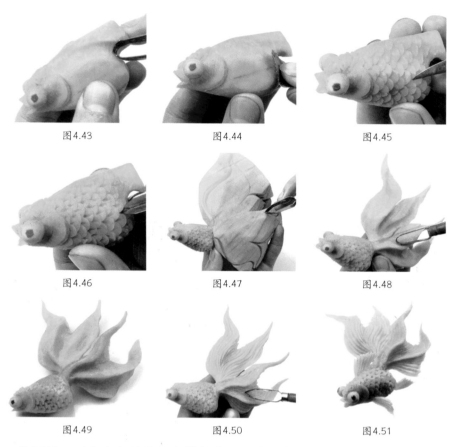

图4.43　　　　　　　　图4.44　　　　　　　　图4.45

图4.46　　　　　　　　图4.47　　　　　　　　图4.48

图4.49　　　　　　　　图4.50　　　　　　　　图4.51

①取一块原料，画出金鱼的头和身体的大形图案。如图4.37所示。

②用主刀雕刻出鱼嘴，用拉刻刀雕刻出金鱼颗粒状的头顶。如图4.38和图4.39所示。

③用V形戳刀或拉刻刀雕刻出金鱼的鳃。如图4.40所示。

④给金鱼安上眼睛，雕刻出金鱼身体的形状。如图4.41和图4.42所示。

⑤雕刻出金鱼的肚皮，用砂纸打磨光滑。如图4.43和图4.44所示。

⑥雕刻出金鱼身体上的鳞片和鳞骨。如图4.45和图4.46所示。

⑦将雕刻好的金鱼头身部分粘接在原料上，刻画出金鱼尾巴的大形图案。如图4.47所示。

⑧雕刻出金鱼尾巴的大形，用拉刻刀和U形戳刀雕刻出金鱼尾巴的起伏。如图4.48和图4.49所示。

⑨用拉刻刀雕刻出金鱼尾巴上的条状纹路，粘接上雕刻好的鱼鳍。如图4.50和图4.51所示。

4.3.3　金鱼雕刻成品要求

①整体形象生动逼真，金鱼各部位比例准确。

②雕刻刀法娴熟，刀痕少，废料去除干净。

③金鱼的鳞片大小均匀，位置前后错开。

④金鱼眼睛位置准确，呈圆球形突出。

⑤雕刻好的金鱼尾巴要有轻盈、灵动、飘逸的感觉。

4.3.4 金鱼雕刻要领及注意事项

①雕刻前，要熟悉金鱼的形态特征和各部位的特点，最好是先画一下。

②金鱼身体圆，肚子大而鼓。

③金鱼头部不要雕刻得太大，尾巴要雕刻得宽大一点，这样显得好看。

④雕刻鱼鳞片时，一般是从鱼头往鱼尾方向雕刻，从鱼背开始往鱼肚方向雕刻。

⑤金鱼的尾巴可以看成由两个鲤鱼的尾巴构成的。

4.3.5 金鱼类雕刻作品的应用

①主要用于雕刻盘饰和雕刻看盘的制作。如图4.35、图4.36、图4.52和图4.53所示。

②和其他雕刻成品搭配使用，作为主题雕刻作品中的一部分，起陪衬的作用。

图4.52　　　　　　　　　　　　　　　图4.53

4.3.6 金鱼雕刻知识的延伸

金鱼雕刻造型艺术在烹饪艺术中的运用。如图4.54～图4.57所示。

图4.54　糖艺　　　　　　　　　　　　图4.55　冷拼

图4.56

图4.57

1.金鱼的形态特征主要有哪些?

2.制作以金鱼为题材的主题雕刻。

任务4 实用鱼虾类雕刻实例——神仙鱼

图4.58

图4.59

图4.60

4.4.1 神仙鱼相关知识介绍

神仙鱼,又名燕鱼、天使鱼、小鳍帆鱼等,原产南美洲的圭亚那、巴西。神仙鱼头小而尖,体侧扁,呈菱形,背鳍和臀鳍很长、很大,挺拔如三角帆,上下对称。神仙鱼的腹鳍特别长,如飘动的丝带。从侧面看,游动的神仙鱼,宛如在水中飞翔的燕子,故神仙鱼又称燕鱼。

美丽的神仙鱼,体态高雅、潇洒娴静,游姿俊俏优美,色彩艳丽,被誉为热带观赏鱼中的"皇后鱼",受到人们的喜爱。

4.4.2　神仙鱼雕刻过程

图4.61

图4.62

1）主要原材料

南瓜、胡萝卜、青萝卜、心里美萝卜等。

2）雕刻工具

主刀、拉刻刀、戳刀等。

3）制作步骤

①取一块原料，在上面画出神仙鱼的大形。如图4.63所示。

②用主刀在三角形前面切出一个三角形的口，雕刻出神仙鱼嘴巴的大形。如图4.64所示。

③用U形戳刀戳出鱼嘴的嘴角线。如图4.65所示。

④雕刻出神仙鱼头和身体的分界线，即鳃孔。如图4.66所示。

⑤用主刀雕刻出神仙鱼的腹鳍。如图4.67所示。

⑥雕刻出神仙鱼的背鳍、臀鳍和尾鳍。如图4.68和图4.69所示。

⑦用拉刻刀或V形戳刀雕刻出神仙鱼背鳍、臀鳍和尾鳍上的条纹。如图4.70和图4.71所示。

⑧雕刻出鱼身上的鳞片。如图4.72～图4.74所示。

图4.63

图4.64

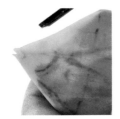

图4.65

图4.66

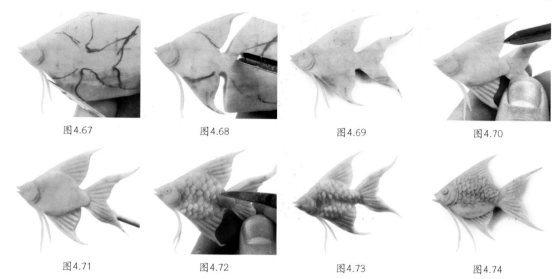

| 图4.67 | 图4.68 | 图4.69 | 图4.70 |

| 图4.71 | 图4.72 | 图4.73 | 图4.74 |

4.4.3 神仙鱼雕刻成品要求

①神仙鱼形态生动、逼真，比例协调。

②雕刻的刀法熟练，鱼鳞大小均匀，作品刀痕较少。

4.4.4 神仙鱼的雕刻要领和注意事项

①雕刻神仙鱼的大形时，可以将其看成两个三角形。

②神仙鱼的背鳍和臀鳍的形状、大小要一样，是对称的。

③在雕刻时，神仙鱼的腹鳍可以雕刻得长一点，这样效果更好。

④神仙鱼的胸鳍比较小，可以不雕。

4.4.5 神仙鱼类雕刻作品的应用

①主要用作盘饰，装饰和美化菜点。

②作为雕刻作品的一部分，和其他的雕刻作品搭配使用。

4.4.6 神仙鱼雕刻知识的延伸

神仙鱼雕刻造型艺术在烹饪中的运用。如图4.75～图4.78所示。

图4.75

图4.76

图4.77　　　　　　　　　　　　　图4.78

思考与练习

1.神仙鱼的主要特征、特点有哪些?

2.以神仙鱼为雕刻题材,制作一个盘饰。

实用鱼虾类雕刻实例——虾类

图4.79　　　　　　　　　　图4.80　　　　　　　　　图4.81

4.5.1　虾类相关知识介绍

虾类主要分为海水虾和淡水虾。虾的种类很多,包括青虾、河虾、草虾、小龙虾、对虾、明虾、基围虾、琵琶虾、龙虾等。其中,对虾是我国特产,因其个大,常成对出售而得名对虾。虾是游泳能手,虾游泳时,泳足像木桨一样频频整齐地向后划水,身体就徐徐向前驱动了。受惊吓时,虾的腹部敏捷地屈伸,尾部向下前方划水,能连续向后跃动,十分快捷。

现代医学研究证实,虾具有很高的食疗价值,并用作中药材。虾能增强人体的免疫力,补肾壮阳,抗早衰。常吃虾皮有镇静作用,常用来治疗神经衰弱、神经功能紊乱诸症。海虾中含有3种重要的脂肪酸,能使人长时间保持注意力集中。

4.5.2　虾类的基本结构

图4.82

虾体长而扁，分为头胸和腹两个部分。半透明、侧扁、腹部可弯曲，末端有尾扇。头胸由甲壳覆盖，腹部由7节体节组成。头胸甲前端有一尖长呈锯齿状的额剑及1对能转动带有柄的复眼。虾用鳃呼吸，其鳃位于头胸部两侧，为甲壳所覆盖。虾的口在头胸部的底部。头胸部有2对触角，负责嗅觉、触觉及平衡。头胸部还有3对颚足，帮助把持食物，有5对步足，主要用来捕食及爬行。虾没有鱼那样的尾鳍，只有5对泳足及一对粗短的尾肢。尾肢与腹部最后一节合为尾扇，能控制游泳方向。

4.5.3　虾类雕刻过程

图4.83

图4.84

1）主要原材料

青萝卜、南瓜、胡萝卜、青笋头等。

2）雕刻工具

主刀、拉刻刀、U形戳刀等。

3）制作步骤

①取一块原料，在上面画出虾身体的大形。如图4.85所示。

②雕刻出虾的背部曲线。如图4.86所示。

③在虾的头部雕刻出呈锯齿状的额剑。如图4.87所示。

④雕刻出虾的一对眼睛。如图4.88所示。

⑤用U形戳刀戳出虾眼睛前的护眼甲。如图4.89所示。

⑥用细线拉刻刀雕刻出虾头和虾身的体节。如图4.90所示。

⑦雕刻出虾头、胸和躯干部的颚足和泳足。如图4.91～图4.93所示。

⑧安上虾须，并把虾从原料上取下来。如图4.94～图4.96所示。

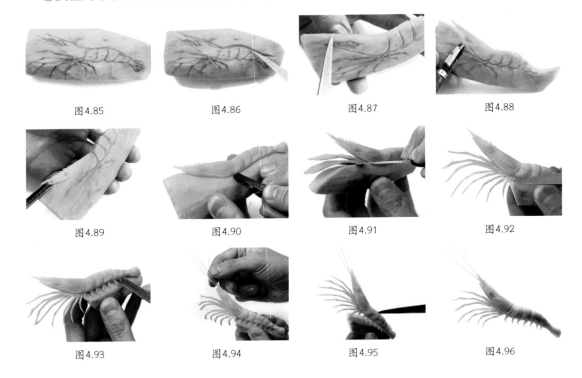

图4.85　　　　　　图4.86　　　　　　图4.87　　　　　　图4.88

图4.89　　　　　　图4.90　　　　　　图4.91　　　　　　图4.92

图4.93　　　　　　图4.94　　　　　　图4.95　　　　　　图4.96

4.5.4　虾类雕刻成品要求

①虾形态生动、逼真，比例协调，虾身呈弓形并长于虾头。

②雕刻刀法熟练，作品刀痕较少。

4.5.5　虾类雕刻要领和注意事项

①雕刻虾时，头要向上，身体不要太直，要弯曲呈弓形。但是，虾身不能雕刻成卷曲的形状。

②在雕刻虾的过程中，要多使用拉刻刀，防止产生太多的刀痕。

③虾的颚足可以雕刻得稍长些，泳足稍短。

4.5.6　虾类雕刻的应用

①主要用作盘饰，装饰和美化菜点。如图4.102所示。

②作为雕刻作品的一部分，和其他雕刻作品搭配使用。

4.5.7　主题知识延伸

虾类和蟹类雕刻造型艺术在烹饪中的运用。如图4.97～图4.101所示。

图4.97

图4.98

图4.99 冷拼

图4.100 冷拼

图4.101

4.102

 思 考 与 练 习

1.虾的主要形态特征有哪些?

2.制作以虾为题材的主题雕刻作品。

实用昆虫类雕刻

图5.1 图5.2 图5.3 图5.4

昆虫遍布全球，是世界上最繁盛的动物，目前已发现100多万种。昆虫在生物圈中扮演着很重要的角色：虫媒花需要得到昆虫的帮助，才能传播花粉；蜜蜂采集的蜂蜜，是人们喜欢的食品之一。

任务1 昆虫类雕刻的基础知识

图5.5 螳螂 图5.6 蜻蜓 图5.7 蜜蜂 图5.8 蝈蝈

昆虫的种类很多，但在食品雕刻中，作为雕刻题材的昆虫并不是很多，主要是一些色彩艳丽、形态小巧、富有情趣的昆虫。这些昆虫在人们的思想意识中本来就有较好的印象，容易接受。而一些对人有害、让人反感和厌恶的昆虫是绝对不能在食品雕刻中出现的，特别是用于菜点装饰时，一定要考虑用餐者的心理感受。

昆虫类雕刻作品在实际应用中大多不是作为作品主体出现的，更多是作为配角和点缀。

但是，在整个作品中的作用却很大，它能使整个雕刻作品产生强烈的对比和节奏感，使作品显得精致、细腻而有意韵，令人赏心悦目，产生一种深深的陶醉感。

在学习昆虫类雕刻的过程中，首先要先了解昆虫的结构，一般是找到活的昆虫、标本，或是一些图片，仔细观察它们的外形、色彩和各部位细部结构，然后再画一下，最后才是按照老师的雕刻方法，分步骤进行练习。

5.1.1 昆虫类的基本结构（以螳螂为例）

昆虫的构造有异于脊椎动物，它们的身体并没有内骨骼的支持，外裹一层由几丁质构成的壳。这层壳会分节以利于运动，犹如骑士的甲胄。昆虫一生要经过多个形态变化。成虫身体由一系列体节构成，进一步集合成3个体段，骨骼包在体外部。身体分为头、胸、腹3个部分，通常有2对翅、6条腿和1对触角，翅和足都位于胸部。如图5.9所示。

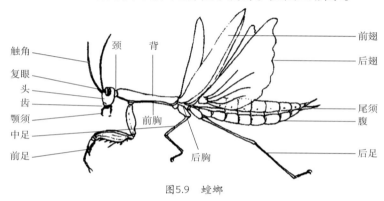

图5.9 螳螂

5.1.2 昆虫类雕刻的特点和要领

①雕刻成品形体要求小巧、精致，特别是一些细节之处如果雕刻得好，能给主体作品增添色彩。

②采用组合雕刻的方式进行雕刻，特别是脚、翅膀等部位。

③要对昆虫的形态结构，作深入地观察分析，雕刻前一定要先画一下。

④雕刻昆虫的脚、触角要显得细小，翅膀要尽量地薄。

⑤雕刻昆虫类的原材料选料广泛，多用边角余料进行雕刻。

任务2 **实用昆虫类雕刻实例——蝴蝶**

图5.10

图5.11

图5.12

5.2.1 蝴蝶相关知识介绍

蝶，通称为"蝴蝶"。全世界有14 000余种蝴蝶，大部分分布在美洲，尤其在亚马孙河流域品种最多。蝴蝶是昆虫演进中最后一类生物。最大的蝴蝶是澳大利亚的一种蝴蝶，展翅可达26厘米；最小的蝴蝶是灰蝶，展翅只有15毫米。

蝴蝶白天活动。蝴蝶成虫吸食花蜜或腐败液体，多数幼虫为植食性。大多数幼虫以杂草或野生植物为食，少部分幼虫因取食农作物而成为害虫，还有极少的幼虫因吃蚜虫而成为益虫。蝴蝶身体小巧，腹瘦长，翅膀和身体有各种花斑，头部有一对棒状或锤状触须，翅膀阔大，颜色艳丽，静止时四翅竖于背部，翅是鳞翅，体和翅被扁平的鳞状毛覆盖。蝴蝶翅膀上的鳞毛不仅能使蝴蝶艳丽无比，还像蝴蝶的一件雨衣。因为蝴蝶翅膀的鳞片里含有丰富的脂肪，能把蝴蝶保护起来，所以，即使在下小雨时，蝴蝶也能飞行。蝴蝶翅色绚丽多彩，人们往往把它作为观赏类昆虫。

在食品雕刻中，蝴蝶的雕刻方法比较简单，主要是要雕刻出蝴蝶的形态特征和特点。蝴蝶的翅膀比身体大很多，前翅要比后翅大，两边翅膀是以身体为轴对称，这种对称不仅是形状上的对称，而且在花纹、色彩上也是对称的。另外，蝴蝶的触须可以雕刻得长一点，这样效果更好。

5.2.2 蝴蝶雕刻过程

图5.13

图5.14

1）主要原材料

南瓜、胡萝卜、心里美萝卜等。

2）雕刻工具

主刀、拉刻刀、U形戳刀等。

3）制作步骤

①用主刀切一块原料，在上面画出蝴蝶的大形，并用主刀雕刻出来。如图5.15和图5.16所示。

②用主刀或拉刻刀雕刻出蝴蝶的头部、胸部和腹部。如图5.17和图5.18所示。

③用主刀和戳刀雕刻出蝴蝶翅膀上的花纹，并用其他颜色的原料填上，进行岔色。如图5.19和图5.20所示。

④用主刀把雕刻好的蝴蝶从翅膀处分开，使翅膀呈展开的姿态。如图5.21～图5.23所示。

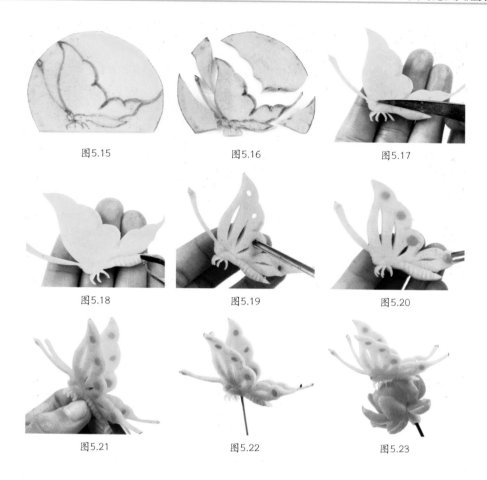

图5.15　　　　　　　　　　图5.16　　　　　　　　　　图5.17

图5.18　　　　　　　　　　图5.19　　　　　　　　　　图5.20

图5.21　　　　　　　　　　图5.22　　　　　　　　　　图5.23

5.2.3　蝴蝶雕刻成品要求

①蝴蝶整体对称，完整无缺，形象生动、逼真，展翅欲飞。
②蝴蝶的触须、头、胸和腹比例恰当，细节刻画清楚、明快。

5.2.4　蝴蝶雕刻要领和注意事项

①雕刻原料新鲜，质地要求紧密、不空。
②雕刻前，要熟悉蝴蝶的外形，最好是先画一下。
③由于主要采用整雕的方式制作，因此，操作时要细心、稳当。
④两片翅膀厚薄适当，平整光滑。

5.2.5　蝴蝶类雕刻作品的应用

主要用作盘饰，也可与其他雕刻作品搭配使用。如图5.24和图5.25所示。

图5.24　　　　　　　　　　　　　　　　图5.25

5.2.6　蝴蝶雕刻知识的延伸

　　蝴蝶雕刻造型艺术在烹饪中的运用。如图5.26～图5.32所示。

图5.26　　　　　　　　　　　　　　　　图5.27

图5.28　　　　　　　　　　　　　　　　图5.29

图5.30

图5.31

图5.32

 思考与练习

1. 蝴蝶的形态特征主要有哪些?

2. 雕刻不同形状翅膀的蝴蝶。

任务3 实用昆虫类雕刻实例——蝈蝈

图5.33

图5.34

5.3.1 蝈蝈相关知识介绍

蝈蝈为三大鸣虫之首,分布很广。蝈蝈的身体呈扁形或圆柱形,全身鲜绿或黄绿色。蝈蝈头大、颜面近平直;触角褐色,丝状,长度超过身体;复眼椭圆形。前胸脖甲发达,盖住中胸和后胸,呈盾形。雄虫翅短,有发音器;3对足,后足发达,善跳跃。蝈蝈主要以捕食昆虫及田间害虫为生,是田间卫士。另外,蝈蝈还是大禹氏族的图腾,后世用蝈蝈

来祭祀大禹。

中国独有的蝈蝈文化源远流长，这种独特的文化至今仍在延续。人们喜欢饲养蝈蝈，因为作为一项消遣娱乐活动，饲养蝈蝈本身对身体还有一定的保健作用，同时也可以促进身心健康。

在食品雕刻中，蝈蝈是比较难雕刻的，其难点在于蝈蝈体形小，结构却比较复杂，因此，在雕刻前一定要仔细观察蝈蝈的形态特征、特点，采用组合雕的方式雕刻。正因为如此，雕刻精致的蝈蝈往往能给人眼前一亮的感觉。就像齐白石大师的草虫画一样，画的草虫形神兼备，活灵活现，而与它相配的花草、瓜果却是大写意的。这样的搭配使整个作品显得更加细腻、出神入化，令人赏心悦目。

图5.35

5.3.2 蝈蝈雕刻过程

1）主要原材料

南瓜、青笋头、胡萝卜、心里美萝卜等。

2）雕刻工具

主刀、拉刻刀等。

3）制作步骤

①取一块状原料，在上面画出蝈蝈的大形，并用拉刻刀刻出来。如图5.36和图5.37所示。

②雕刻出蝈蝈的头、脖甲、翅膀以及蝈蝈腹部的细节。如图5.38～图5.40所示。

③雕刻出蝈蝈的前、后足。如图5.41和图5.42所示。

④给雕刻好的蝈蝈装上前后足和触须。如图5.43和图5.44所示。

图5.36   图5.37   图5.38

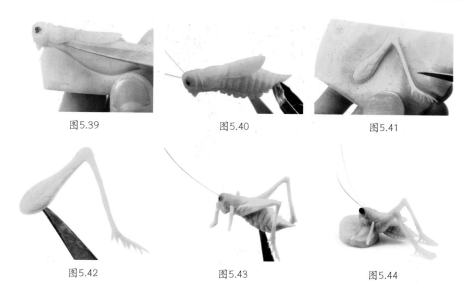

图5.39   图5.40   图5.41

图5.42   图5.43   图5.44

5.3.3 蝈蝈雕刻成品要求

①成品整体完整，形象生动逼真。

②蝈蝈各个部位比例恰当，细节突出。

③蝈蝈的前足和翅膀细小，后足粗大，而且长。

5.3.4 蝈蝈雕刻注意事项及要领

①雕刻主刀的刀尖部分要特别锋利，便于雕刻细节。

②蝈蝈雕刻成品宜小不宜大，小的效果更好。

③蝈蝈的前后足可以采用平刻的雕刻方法，这样就能一次雕刻好几对足，提高了工作效率。

5.3.5 蝈蝈类雕刻成品的应用

①蝈蝈类雕刻成品主要用于盘饰制作。如图5.45所示。

②蝈蝈类雕刻成品和其他雕刻作品搭配组合使用。如图5.46～图5.48所示。

图5.45   图5.46

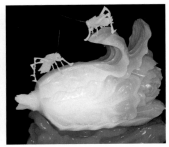

图5.47   图5.48

5.3.6 蝈蝈雕刻知识的延伸

蝈蝈雕刻造型艺术在艺术冷拼中的运用。如图5.49和图5.50所示。

图5.49   图5.50

 思考与练习

1.蝈蝈的主要形态特征有哪些？在雕刻时，应该注意哪些要领？

2.雕刻以蝈蝈为主题的作品。

任务4 实用昆虫类雕刻实例——螳螂

图5.51   图5.52   图5.53

5.4.1 螳螂相关知识介绍

螳螂又称刀螂，为无脊椎动物。螳螂是一种昆虫，头呈三角形且活动自如，复眼大而明亮，触角细长，颈可自由转动。前足腿节和胫节有利刺，胫节镰刀状，常向腿节折叠，形成可以捕捉猎物的前足；前翅扇状，休息时叠于背上；腹部肥大。除极地外，螳螂广泛分布于

世界各地。螳螂为肉食性昆虫，凶猛好斗，动作灵敏，捕食时所用时间仅为0.01秒。螳螂取食范围广泛，且食量大，在农、林区可捕食不少害虫，是农、林、果树和观赏植物害虫的天敌。因此螳螂是益虫。

在食品雕刻中，螳螂不是作为雕刻的主体，大多是作为配角出现，但是，螳螂却能使整个雕刻作品显得更加精致、细腻而有意韵，令人赏心悦目。

图5.54

图5.55

5.4.2　螳螂雕刻过程

1）主要原材料

青萝卜、南瓜、青笋头等。

2）雕刻工具

主刀、拉刻刀。

3）制作步骤

①取一块状原料，在上面画出螳螂的大形，并雕刻出来。如图5.56和图5.57所示。

②用主刀或拉刻刀雕刻出螳螂的头部，包括眼睛、嘴巴等。如图5.58所示。

③雕刻出螳螂的胸部，并用主刀把螳螂的翅膀雕刻出来。如图5.59和图5.60所示。

④雕刻出螳螂的腹部大形并雕刻出细节。如图5.61和图5.62所示。

⑤雕刻出螳螂的前足和后足。如图5.63所示。

⑥把雕刻好的螳螂各个部位粘接起来。如图5.64所示。

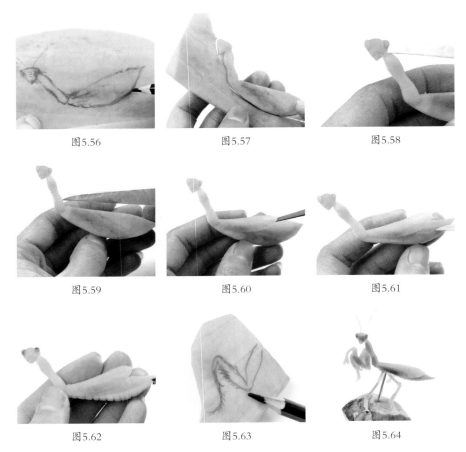

图5.56 图5.57 图5.58

图5.59 图5.60 图5.61

图5.62 图5.63 图5.64

5.4.3　螳螂雕刻成品要求

①螳螂雕刻成品整体完整，各个部位比例协调。

②成品表面光滑，刀痕少，刀法熟练。

5.4.4　螳螂雕刻要领和注意事项

①注意螳螂形态特征的刻画，其头部是三角形的，腹部肥大，前足粗大有利刺。

②雕刻的主刀和拉刻刀必须锋利，便于细节的雕刻。

③螳螂腿足的雕刻可以借鉴蝈蝈腿足的雕刻方法和技巧，采用平刻的方式雕刻。

5.4.5　螳螂类雕刻成品的应用

①螳螂类雕刻成品主要用于盘饰制作。

②螳螂类雕刻成品和其他雕刻作品搭配组合使用。如图5.65和图5.66所示。

图5.65

图5.66

5.4.6 螳螂雕刻知识的延伸

螳螂雕刻造型艺术在艺术冷拼制作中的运用如图5.67所示。

图5.67

思考与练习

1.螳螂的形态特征主要有哪些？雕刻时应注意哪些问题？

2.制作以螳螂为主要题材的盘饰。

项目 **6**

实用畜兽类雕刻

图6.1

图6.2

图6.3

实用畜兽类雕刻的基础知识

6.1.1 畜兽类雕刻相关知识介绍

　　畜兽的种类很多，与人类关系密切的主要有两大类：一类是人类为了经济或其他目的而驯化和饲养的兽类，如猪、牛、鹿、羊、马、骆驼、家兔、猫、狗等。一类是猛兽和传说中的吉祥神兽，如老虎、狮子、麒麟、龙等。人类最早饲养家畜起源于一万多年前，这是人类走向文明的重要标志之一，家畜为人类提供了较稳定的食物来源，为人类的发展进步作出了重大贡献。"畜"最初是兽类，现在的主要家畜都被认为是由史前的野生动物驯养而来的。狗是最古老的驯养动物，从旧石器时代起就已经有驯养了。中国古代所称的"六畜"是指马、牛、羊、鸡、狗、猪，即中国古代最常见的6种家畜。但是，鸡在现在不再称为家畜。

　　畜兽和人类的关系密切，并且有些和人类有很深的感情，在我国的传统文化中，还被赋予很多美好而吉祥的含义。因此，一些畜兽类题材的艺术作品往往能得到人们的喜爱。

6.1.2 畜兽类的形态结构特征

　　畜兽类的雕刻在食品雕刻中难度是很大的。畜兽类雕刻的主要题材有马、牛、羊、兔、鹿以及老虎、狮子、麒麟、龙等。畜兽类的动物种类很多，其身体结构主要分为头部、颈部、躯干和四肢4个部分。在体形和结构上，主要有以下共同特征：

①脊椎都是弯曲的，不是直线的。当头处于正常位置时，脊椎会从头部向下弯曲直到尾部。

②胸腔部位占据身体一半以上的体积。

③前腿比后腿短。前腿的腿形接近直线形，与后腿相比，前腿就像支撑身体的柱子。

④不同种类动物之间形态区别很大。其中，头部的区别最大，而身体躯干等部位的结构特征却比较相似。

⑤除去头颈部和四肢的身体躯干，几乎所有动物的身长都是身宽的两倍。因此，可以看成一个宽1长2的长方形。

在本章畜兽类雕刻的学习中，主要是把马作为畜兽类雕刻的典型代表来学习。通过对马的雕刻学习，可以举一反三，比较容易地学会牛、鹿、羊、虎、狮等动物的雕刻。

任务2 实用畜兽类雕刻实例——骏马

图6.4   图6.5   图6.6

6.2.1 骏马相关知识介绍

马是草食性的哺乳动物，史前即为人类所驯化。家马由野马驯化而来。中国是最早开始驯化马匹的国家之一。马在古代曾是农业生产、交通运输和军事等活动的主要动力。全世界马有200多种，中国有30多种，主要分为乘用型、快步型、重挽型、挽乘兼用型。不同品种的马体格大小相差悬殊。马易于调教，通过听、嗅和视等感觉器官，能形成牢固的记忆。

马在中华民族的文化中地位极高，具有一系列的象征意义和寓意。马是能力、圣贤、人才、有作为的象征，古人常常以"千里马"来比喻。千里马是日行千里的优秀骏马，相传周穆王有8匹骏马，常常骑着它们巡游天下。八骏的名称：一匹叫绝地，足不践土，脚不落地，可以腾空而飞；一匹叫翻羽，可以跑得比飞鸟还快；一匹叫奔菁，夜行万里；一匹叫超影，可以追着太阳飞奔；一匹叫逾辉，马毛的色彩灿烂无比，光芒四射；一匹叫超光，一匹马身十个影子；一匹叫腾雾，驾着云雾而飞奔；一匹叫挟翼，身上长有翅膀，像大鹏一样展翅翱翔九万里。有的古书把"八骏"想象为8种毛色各异的骏马。它们分别有很好听的名字：赤骥、盗骊、白义、逾轮、山子、渠黄、骅骝、绿耳。其实，骏马的神奇传说都是在形容贤良的人才。

"天行健，君子以自强不息！"龙马精神是中华民族自古以来所崇尚的自强不息、奋斗不止、进取、向上的民族精神。祖先们认为，龙马就是仁马，它是黄河的精灵，是华夏子孙的化身，代表了华夏民族的主体精神和最高道德。龙马身高八尺五寸，长长的颈项，显得伟岸无比。骨骼生有翅翼，翼的边缘有一圈彩色的鬃毛，引颈长啸，发出动听而和谐的声音。这匹依据我们民族的魂魄所生造出的龙马，雄壮无比，力大无穷，追月逐日，披星跨斗，乘风御雨，不舍昼夜。这正是中华民族战天斗地，征服自然的生动写照，也是炎黄子孙克服困难，乐观向上，永远前进的生动比喻。

图6.7　马踏乾坤

6.2.2 马体的基本结构及比例关系

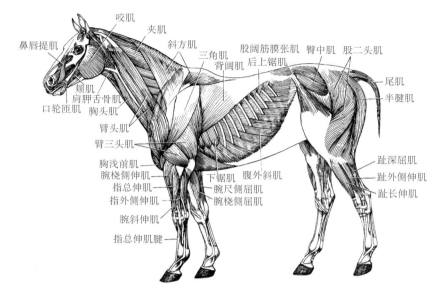

图6.8 马的外形、肌肉结构图

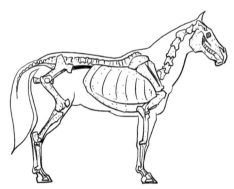

图6.9 马的骨骼、关节图

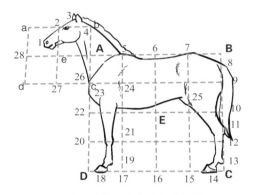

图6.10 马各部位位置与比例图

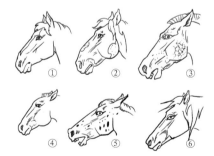

图6.11 各种马头形状

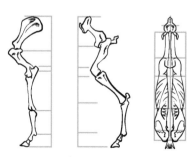

图6.12 马身体和腿的比例与结构图

图6.13　马眼睛位置图

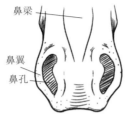

图6.14　马嘴鼻结构位置（1）

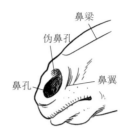

图6.15　马嘴鼻结构位置（2）

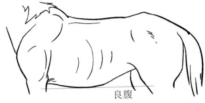

图6.16　马的躯干结构图

①马站立时，其头长与颈长大致相等。马的躯干长度大致等于3个多马头的长度。

②马的躯干长度与马的身高大致相当，其中，腿长高于身宽。如图6.10所示。

③前肢关节"21"位置要比后肢关节"11"的位置略低，这也是所有哺乳动物的一个特点。如图6.10所示。

④前肢关节"24"位于腹线上方，后肢关节"25"位于腹线下方。如图6.10所示。

⑤骏马背部开阔、平实，腰部坚挺瘦劲，肋部结构紧密匀称、弧度合理，肚腹部紧凑、结实，也就是所谓的"良腹"。如图6.16所示。

⑥马头呈梯形，眼睛位于头部的1/3处，脸颊分界线在马头部1/2处。如图6.13～图6.15所示。

⑦马的眼睛大而突出，是陆地动物中最大的。耳形如削竹，是良马的特征。

⑧马的肌肉发达，特别是胸部的肌肉群。小腿部位主要是由骨骼、筋腱和皮肤构成，基本无肌肉。

⑨马躯干的长度是其宽度的2倍多，这也是畜兽类动物的共同特点。如图6.10所示。

6.2.3　骏马整体大形的手绘方法

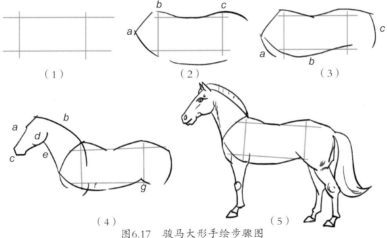

图6.17　骏马大形手绘步骤图

①轻轻画一个各边都向外延伸的矩形。如图6.17（1）所示。

②在前方的中点处找到肩点a，两条直线的顶端就是马肩隆b和髋部的最高点c。如图6.17（2）所示。

③添加胸线a、腹部线b和臀线c。如图6.17（3）所示。

④勾画出脖子和头，脖子和头部长度差不多长，确定肘部关节f和后腿关节g。如图6.17（4）所示。

⑤画出马的四肢和尾巴，注意马腿的长度和关节的位置及比例关系。如图6.17（5）所示。

图6.18　骏马跑动时腿的运动位置图

6.2.4　骏马的雕刻过程

　　了解和熟悉马体的基本结构是学好骏马雕刻的前提。必须对骏马身体各部位的形态结构很熟悉，包括肌肉和骨骼的结构分布等。雕刻作品要表现出骏马肌肉饱满、骨质坚实、生气勃勃、所向无敌的气势。在雕刻顺序上，一般是先雕刻马的头部，然后是身体大形和四肢大形，最后才是细节的处理。

图6.19

图6.20

1）主要原材料

南瓜、胡萝卜、香芋、红薯等。

2）雕刻工具

主刀、拉刻刀、戳刀、502胶水、砂纸等。

3) 制作步骤

（1）马的头部雕刻过程

①取一块梯形原料，分成3等份，确定眼睛的位置，画出鼻梁形状，并用主刀雕刻出来。如图6.21～图6.23所示。

②将马嘴部的棱角修圆，雕刻出马突出的眼眶。如图6.24和图6.25所示。

③用拉刻刀或V形戳刀雕刻出马的鼻子，用砂纸打磨光滑。如图6.26和图6.27所示。

④用主刀雕刻出马的鼻孔。如图6.28所示。

⑤确定马眼睛的位置，并雕刻出来。如图6.29和图6.30所示。

⑥雕刻出马眼睛下面的肌肉。如图6.30所示。

⑦确定马嘴张开的嘴线，雕刻出马的嘴。如图6.31所示。

⑧雕刻出马的牙齿、长脸颊和脸部的肌肉。如图6.32所示。

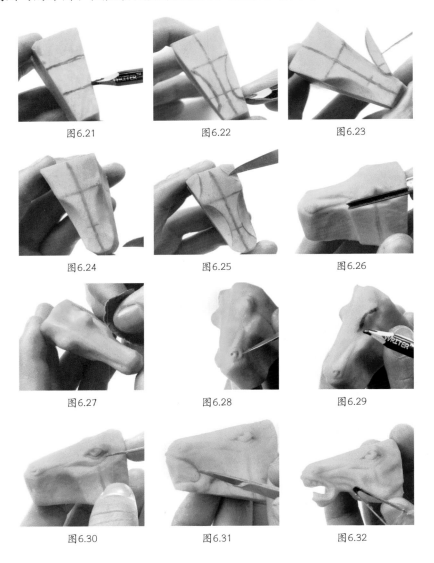

图6.21　　　　　　　　图6.22　　　　　　　　图6.23

图6.24　　　　　　　　图6.25　　　　　　　　图6.26

图6.27　　　　　　　　图6.28　　　　　　　　图6.29

图6.30　　　　　　　　图6.31　　　　　　　　图6.32

（2）马的躯干部位、四肢以及毛发、尾巴雕刻

①将雕刻好的马头粘接在雕刻马身的原料上，画出马的身体姿态。

②首先确定马背部的运动曲线，并雕刻出来。如图6.33所示。

③确定马前胸和后腿的位置，并雕刻出来。如图6.33～图6.35所示。

④雕刻出马的耳朵，粘接在马的头顶上。如图6.36所示。

⑤用主刀把头和脖子的连接处修整一下，雕刻出挤压褶。如图6.37所示。

⑥雕刻出马的脖子。如图6.38所示。

⑦雕刻出马的前腿和后腿。如图6.39和图6.40所示。

⑧雕刻出马的鬃毛和尾巴，并粘接在马的躯干上。如图6.41和图6.42所示。

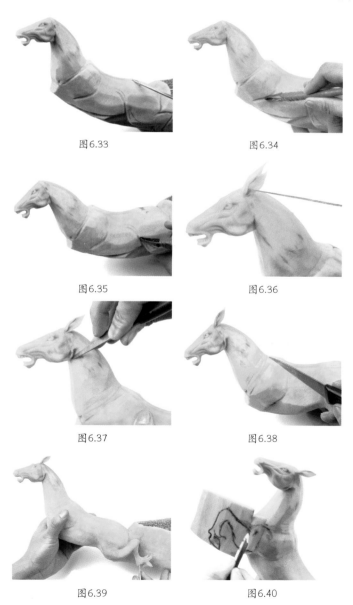

图6.33　　　　　　　　　　　图6.34

图6.35　　　　　　　　　　　图6.36

图6.37　　　　　　　　　　　图6.38

图6.39　　　　　　　　　　　图6.40

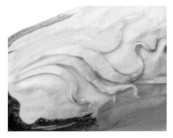
图6.41

图6.42

（3）马的肌肉、表皮褶皱等细节的雕刻处理

图6.43

图6.44

图6.45

图6.46

图6.47

图6.48

图6.49

图6.50

图6.51　　　　　　　　　　　　　图6.52

①用砂纸把雕刻好的马身体打磨光滑。如图6.43和图6.44所示。

②大、中、小号拉刻刀和戳刀交替使用，雕刻出骏马脖颈、躯干和四肢的肌肉和褶皱。如图6.45～图6.52所示。

6.2.5　骏马雕刻成品要求

①骏马的整体姿态优美、雄壮，各个部位结构准确，比例协调。

②作品整体完整，雕刻手法、刀法熟练，刀痕和破皮的现象少。

③写意和写实相结合的雕刻方法运用恰到好处。

6.2.6　骏马雕刻要领和注意事项

①雕刻前，一定要熟悉马的形态结构和各部位的比例关系。

②雕刻前，可以按照前面所讲的马的手绘方法，画一下骏马的整体形象。

③雕刻时，要注意骏马的眼睛大约位于头部的1/3处，很大而且突出，鼻孔是卷起的。

④熟悉骏马的骨骼和肌肉的结构分布，对雕刻好马的前腿、后腿和肌肉效果的处理有很大的帮助。

⑤骏马的雕刻最好采用写实和写意相结合的雕刻处理方法进行创作，肌肉和毛发可以在写实的基础上夸张一点，这样更能表现出骏马的神韵。

⑥在对骏马的肌肉进行处理时，大小拉刻刀和戳刀要先大后小，交替使用，然后用砂纸打磨出效果。

6.2.7　骏马雕刻作品应用

①骏马雕刻作品主要适用于开业、奠基、饯行以及商务合作等主题的宴会。

②骏马雕刻作品主要作为雕刻的展台和宴会的看盘使用。如图6.53～图6.55所示。

图6.53　八骏雄风

图6.54　天马行空　　　　　　图6.55　伯乐与千里马

6.2.8　骏马雕刻知识延伸

骏马雕刻造型技术的运用如图6.54和图6.56所示。

图6.56　挟翼翔空

思考与练习

1.骏马的形态特征有哪些？在食品雕刻中是如何表现和刻画的？

2.骏马雕刻的操作要领有哪些？

任务3　实用畜兽类雕刻实例——梅花鹿

图6.57　　　　　　　　　　图6.58　　　　　　　　　　图6.59

6.3.1　梅花鹿相关知识介绍

　　鹿科动物是哺乳动物中最富有价值的种类之一。中国是世界上鹿种类最多的国家。梅花鹿是鹿科的一种，其价值和受喜爱程度是最高的。梅花鹿体形中等，生活于森林边缘和山地草原地区。梅花鹿性情机警，行动敏捷，听觉、嗅觉均很发达，视觉稍弱，胆小易惊。梅花鹿奔跑迅速，跳跃能力很强，尤其擅长攀登陡坡，可以连续大跨度地跳跃，速度轻快敏捷，姿态优美潇洒，能在灌木丛中穿梭自如，若隐若现。梅花鹿头部略圆，颜面部较长，鼻端裸露，眼大而圆，耳长且直立，颈部长，四肢细长，主蹄狭而尖，侧蹄小，尾较短。梅花鹿毛色夏季为栗红色，有许多白斑，形似梅花；冬季为烟褐色，白斑不显著。梅花鹿颈部有鬃毛。雄性第二年起生角，每年增加1叉，5岁后分4叉止。角上一共有4个叉，眉叉和主干成一个钝角，次叉和眉叉距离较大，位置较高，主干在其末端再次分成两个小支。主干一般向两侧弯曲，略呈半弧形，眉叉向前上方横抱，角尖稍向内弯曲，非常锐利。

　　梅花鹿自古以来被人们视为健康、幸福、吉祥的象征。就字音而言，鹿因谐音而表达的吉祥意义最为普遍。首先，鹿音谐"禄"，在吉祥图案中用鹿表现民间"五福"（福、禄、寿、喜、财）中的禄。其次，鹿音谐"路"，如两只鹿的纹图称"路路顺利"。再次，鹿音谐"陆"（六），如鹿与鹤的文图称"六合同春"或"鹿鹤同春"。在传统寿画中，鹿常与寿星为伴，以祝长寿。最后，鹿也是位置的象征，"逐鹿中原""鹿死谁手"两个成语都以鹿喻帝位。

6.3.2　梅花鹿的形态结构和各部位比例关系

图6.60　梅花鹿　　　　　　　　図6.61　梅花鹿

图6.62　鹿身体大形　　　图6.63　梅花鹿的骨骼

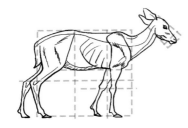

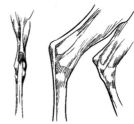

图6.64　鹿躯干和四肢的大致比例　　图6.65　鹿头颈　　图6.66　鹿的前、后肢

　　鹿的身体细而尖，形体优美，腿特别细小，骨骼非常突出，肌腱和腿骨之间非常薄。身体各部位的大致比例如图6.64所示。

6.3.3　梅花鹿大形的手绘方法

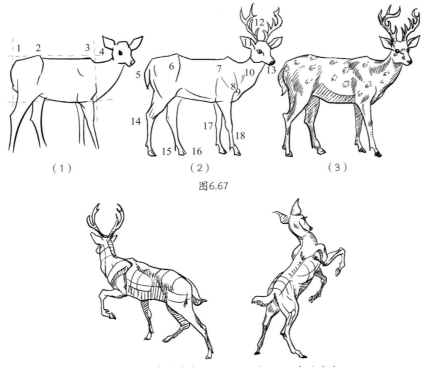

（1）　　　　　　　（2）　　　　　　　（3）

图6.67

图6.68　鹿的姿态　　　　图6.69　鹿的姿态

①大部分鹿族成员都有独特的背部和颈部线条：躯干呈矩形，1~2处稍微倾斜，3处凸出，4处下凹。如图6.67（1）所示。

②图6.67（2）的5~18的编号具体指代如下：5指短尾巴；6和7指髋部和肩部最高点；8和9指肩膀和胸部凸出；10指喉咙的弧度；11指特别大的耳朵；12指雄鹿的鹿角；13指逐渐变细的口鼻和部分光滑的末端；14指关节处显眼凹窝；15指镂空的胶骨；16指成对的蹄子；17和18指关节。

6.3.4 梅花鹿的雕刻

图6.70 鹿头外形

图6.71 鹿头外形

了解和熟悉梅花鹿身体的基本结构是学好梅花鹿雕刻的前提。雕刻前，必须熟悉梅花鹿身体各部位的形态结构，以及肌肉和骨骼的结构分布等。梅花鹿的雕刻作品要表现出梅花鹿速度轻快敏捷，姿态优美潇洒，跳跃能力强的神态和韵味。在雕刻顺序上，一般是先雕刻梅花鹿的头部，然后雕刻梅花鹿的身体大形和四肢大形，最后才是细节的处理。

图6.72

图6.73

1）主要原材料

南瓜、胡萝卜、香芋、红薯等。

2）雕刻工具

主刀、拉刻刀、戳刀、502胶水、砂纸等。

3）制作步骤

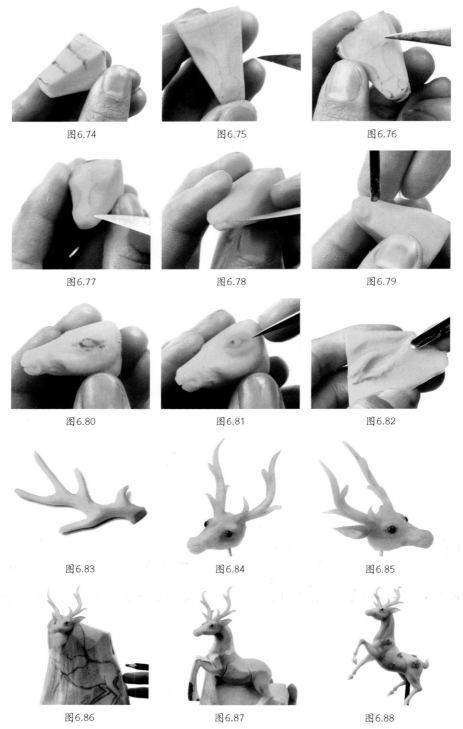

图6.74

图6.75

图6.76

图6.77

图6.78

图6.79

图6.80

图6.81

图6.82

图6.83

图6.84

图6.85

图6.86

图6.87

图6.88

①取一梯形坯料，分成3等份。如图6.74所示。

②确定梅花鹿眼睛的位置，并在眼睛处下刀雕刻出鹿的鼻梁和唇部轮廓。如图6.75和图

6.76所示。

③用主刀雕刻出梅花鹿的鼻孔和嘴裂线。如图6.77和图6.78所示。

④用U形戳刀雕刻出梅花鹿的嘴角和脸颊。如图6.79和图6.80所示。

⑤使眼睛部位突出，雕刻出梅花鹿的眼睛。如图6.80和图6.81所示。

⑥雕刻出梅花鹿的耳朵和犄角。如图6.82和图6.83所示。

⑦给梅花鹿的头部装上犄角和耳朵。如图6.84和图6.85所示。

⑧将雕刻好的梅花鹿头粘接在雕刻鹿躯干的坯料上，并画出梅花鹿的躯干和四肢。如图6.86所示。

⑨雕刻出梅花鹿的躯干和四肢。如图6.87所示。

⑩用砂纸打磨光滑后，用拉刻刀和戳刀雕刻出梅花鹿的肌肉、褶皱等细节。如图6.88所示。

6.3.5　梅花鹿雕刻成品要求

①梅花鹿的整体姿态优美、健壮，各个部位结构准确，比例协调。

②作品整体完整，雕刻手法、刀法熟练，刀痕和破皮的现象少。

6.3.6　梅花鹿雕刻的要领和注意事项

①雕刻前，一定要熟悉梅花鹿的形态结构和各部位的比例关系。

②雕刻前，可以按照前面所讲的梅花鹿的手绘方法画一下梅花鹿的整体形象。

③雕刻时，注意借鉴骏马的雕刻方法和要领。

④熟悉梅花鹿骨骼和肌肉的结构分布对雕刻好梅花鹿的前腿、后腿和肌肉效果的处理有很大的帮助。

⑤梅花鹿的四肢比较细小，特别是小腿部分几乎没有肌肉，全是由毛皮和筋腱组成的。

⑥梅花鹿的肌肉处理时，大小拉刻刀和戳刀要先大后小，交替使用，然后用砂纸打磨出效果。

6.3.7　梅花鹿雕刻作品的应用

主要作为雕刻展台和宴会的看盘使用。如图6.89和图6.90所示。

图6.89　鹿回头　　　　　　　图6.90　顽皮的小鹿

6.3.8 梅花鹿雕刻知识延伸

梅花鹿雕刻知识在其他畜兽类动物雕刻中的运用如图6.91～图6.94所示。

图6.91 松鼠葡萄

图6.92 放牛娃

图6.93 吉祥（羊）如意

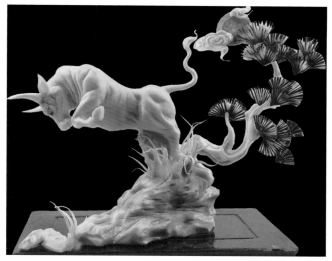

图6.94 牛气冲天

1.梅花鹿形态特征中，比较突出的主要有哪些?

2.雕刻以梅花鹿为主要题材的食品雕刻作品。

任务4 实用畜兽类雕刻实例——老虎

图6.95　　　　　　　　图6.96　　　　　　　　图6.97

6.4.1 老虎相关知识介绍

老虎俗称虎、大虫，是猫科动物中体形最大的一种。老虎对环境具有高度的适应能力，老虎的分布范围很广，原产地主要是东北亚和东南亚。只要满足食源充沛、有水源、环境利于隐蔽这3个条件，老虎一般都能适应。然而，由于人类对老虎生存空间的过度挤压，使老虎只得躲进深山密林生存而成为"山林之王"。

老虎是一种高度进化的猎食动物，也是自然界生态中不可或缺的一环，是当今亚洲现存的处于食物链顶端的食肉动物之一。老虎生性低调、谨慎、凶猛，一旦发威，势不可当。老虎位居食物链顶端，在自然界中无天敌。老虎拥有猫科动物中最长的犬齿、最大号的爪子，

图6.98 幽山虎啸

集速度、力量、敏捷于一身，前肢一次挥击力量可达1 000千克，爪刺入深度达11厘米，一次跳跃最长可达6米，擅长捕食。

虎是世界上最广为人知的动物之一。古时，人们对虎这种动物是相当畏惧的。古人对自己畏惧的东西普遍采取"敬而远之"的态度，于是，古人在这些事物之前冠以"老"字，以表示敬畏和不敢得罪的意思。有些地方在说到老虎时，往往不敢直呼其名而呼之以"大虫"。另外，虎的象征意义在中国和亚洲文化中都有体现。在中国，虎的形象随处可见，殷墟甲骨文中就有虎字，现在汉字中的虎就很像一只虎。据说，汉字中的"王"就来自老虎前额上的斑纹。许多成语、民间俗语中都有虎出现。在许多旗帜、战袍，甚至运动会的吉祥物中也都可以见到描画它们的图案。在中国，老虎自古就是"兽中之王"。虎也是势不可当、不可战胜、不容侵犯的代名词。虎生性威猛，古人多用虎象征威武勇猛。比如，"虎将"喻指英勇善战的将军；"虎子"喻指雄健而奋发有为的儿子；"虎步"喻指威武雄壮的步伐；"虎踞"形容威猛豪迈。

6.4.2 老虎的基本结构和各部位比例关系

1）老虎骨骼的基本结构和位置

老虎骨骼的基本结构和位置如图6.99和图6.100所示。

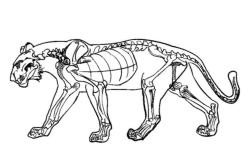

图6.99 老虎的骨骼结构

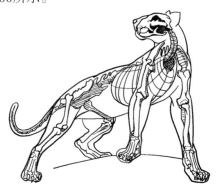

图6.100 老虎的骨骼结构

2）老虎身体各部位的比例结构

老虎身体各部位的比例结构如图6.101～图6.105所示。

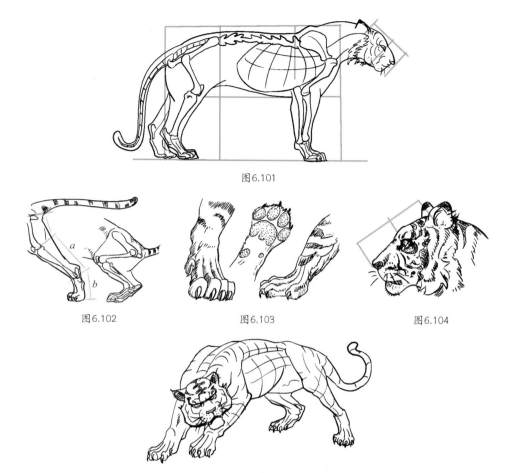

图6.101

图6.102　　　　　图6.103　　　　　图6.104

图6.105

3）老虎形体结构的特点

①老虎属于猫科动物，其身体的长度要比身高长，与所有猫科动物的身体结构几乎完全一样。从外形和运动方式来看，也是大同小异。

②老虎身体窄长，背部强健。虎皮上有美丽的花纹。腿长而逐渐细削，虎掌宽大厚实。脖子与身体衔接的地方表现出一种优美的线条。

③老虎身体的长度约为5个头部的长度，其中，腿长略大于身宽，后腿的下关节部分要比上关节部分短，即 $b < a$，如图 6.102所示。

④虎头正面看上去呈圆形，耳朵小，眼睛位于头部的1/2处，脸颊分界线大约在头部1/3处。如图6.104所示。

6.4.3　老虎大形的手绘方法

老虎大形的手绘方法如图6.106所示。

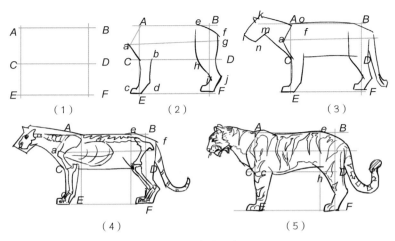

图6.106　老虎手绘步骤

①画出图6.106（1）中的方块，按照画马的方法勾画出老虎躯干的大形。

②如图6.106（2）所示，将方块的两边边线延长，图6.106（2）中的a点是肩膀的尖部。

③图6.106（2）中的肘部b点位于胸线以上，膝盖h点则处于线以下的位置。

6.4.4　老虎雕刻过程

　　了解和熟悉老虎身体的基本结构是学好老虎雕刻的前提。必须对老虎身体各部位的形态结构熟悉，包括肌肉和骨骼的结构、分布等，老虎类题材的雕刻作品要表现出老虎的威猛无比、势不可当、不可战胜以及"百兽之王"的气势。在雕刻顺序上，一般先雕刻头部，然后雕刻身体大形和四肢大形，最后才是细节的处理。

图6.107　　　　　　　　图6.108　　　　　　　　图6.109

图6.110　　　　　　　　图6.111

1）主要原材料

南瓜、胡萝卜、香芋、红薯等。

2）雕刻工具

主刀、拉刻刀、戳刀、502胶水、砂纸等。

3）制作步骤

（1）老虎的头部雕刻

①取一梯形原料，在原料表面画出老虎的眼睛、鼻子等的位置和大形。如图6.112所示。

②用拉刻刀雕刻出老虎的眼睛、鼻子等的大形。如图6.113～图6.115所示。

③雕刻出老虎的眼睛和鼻子的细节。如图6.116和图6.117所示。

④雕刻出老虎嘴巴的大形。如图6.117和图6.118所示。

⑤用U形拉刻刀或U形戳刀雕刻出老虎的嘴线。如图6.119所示。

⑥雕刻出老虎的耳朵。如图6.120～图6.122所示。

⑦雕刻出老虎的牙齿和舌头。如图6.123所示。

⑧用拉刻刀雕刻出老虎的脸颊和腮毛的大形。如图6.124所示。

⑨用V形拉刻刀雕刻出老虎的腮毛。如图6.125所示。

⑩老虎头部效果图。如图6.126所示。

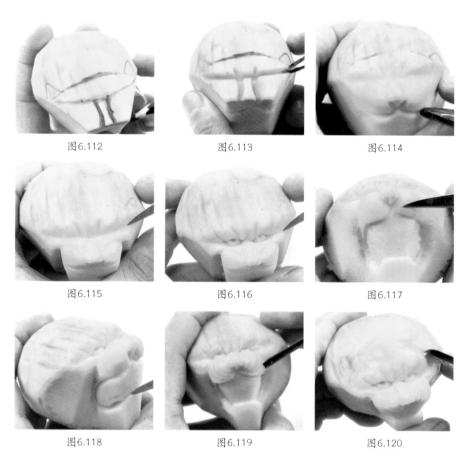

图6.112　　　　　　　　　图6.113　　　　　　　　　图6.114

图6.115　　　　　　　　　图6.116　　　　　　　　　图6.117

图6.118　　　　　　　　　图6.119　　　　　　　　　图6.120

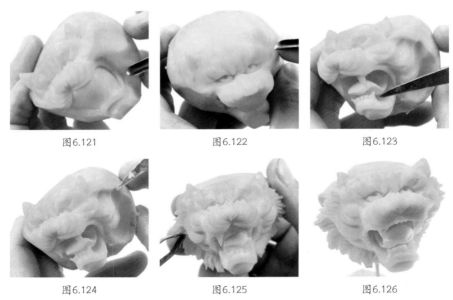

图6.121　　　　　　图6.122　　　　　　图6.123

图6.124　　　　　　图6.125　　　　　　图6.126

（2）老虎的躯干部位和四肢的雕刻，以及肌肉、褶皱等细节的雕刻处理
①确定所雕刻老虎的姿态，取一块原料，画出老虎身体的大形。
②雕刻出老虎背部的动态曲线，然后雕刻出老虎四肢的大形。
③用拉刻刀雕刻出老虎的肌肉和褶皱大形。如图6.127～图6.131所示。
④用砂纸把老虎的身体打磨平整。如图6.132所示。
⑤将雕刻好的老虎头部和老虎尾巴粘接在雕刻好的身体上。如图6.133和图6.134所示。
⑥用V形拉刻刀雕刻出老虎身体上的虎纹。如图6.135和图6.136所示。
⑦给雕刻好的老虎装上老虎须和爪趾。如图6.137和图6.138所示。

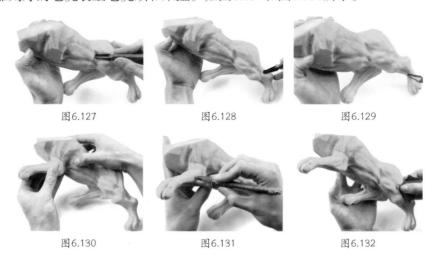

图6.127　　　　　　图6.128　　　　　　图6.129

图6.130　　　　　　图6.131　　　　　　图6.132

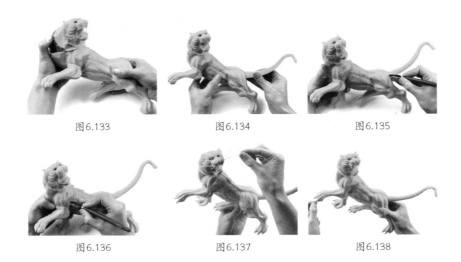

| 图6.133 | 图6.134 | 图6.135 |
| 图6.136 | 图6.137 | 图6.138 |

6.4.5　老虎雕刻成品要求

①老虎的整体姿态威武雄壮、气势如虹，各个部位结构准确，比例协调。

②作品整体完整，雕刻手法、刀法熟练，刀痕和破皮的现象少。

③写意和写实的表现手法在老虎雕刻中运用合理。

6.4.6　老虎雕刻的要领和注意事项

①雕刻前，一定要熟悉老虎的形态结构和各部位比例关系。

②雕刻前，可以按照前面所讲的老虎的手绘方法，先画出老虎的整体形象。

③雕刻时，可以借鉴骏马的雕刻方法和要领，特别是躯干和四肢的大形。

④熟悉老虎骨骼和肌肉的结构分布对雕刻好老虎的前腿、后腿和肌肉效果的处理有很大的帮助。

⑤老虎的四肢比较粗壮，特别是虎掌显得大而厚实。老虎的小腿部分几乎没有肌肉，全是由毛皮和筋腱组成的。

⑥对老虎的肌肉进行处理时，拉刻刀和戳刀要先大后小，交替使用，然后用砂纸适度打磨出效果。

⑦雕刻老虎的过程中，老虎身体表面的处理和前面所学其他动物的雕刻有很大的不同。老虎躯体的表面不要处理得太光滑、太平整。

⑧雕刻老虎时，要多使用拉刻刀和戳刀，少用主刀。要学会善用砂纸，这样雕刻出的老虎作品刀痕和破皮的现象较少。

6.4.7　老虎雕刻作品的应用

主要作为雕刻展台和宴会的看盘使用。如图6.139和图6.140所示。

图6.139

图6.140 势如破竹

6.4.8 老虎类猛兽雕刻技能知识的延伸

1）老虎雕刻造型上的变化

老虎雕刻造型上的变化如图6.141所示。

2）老虎雕刻技能知识在雄狮雕刻中的运用

老虎雕刻技能知识在雄狮雕刻中的运用如图6.142所示。

图6.141 飞虎

图6.142 王者之风

3）老虎雕刻造型知识在菜点制作中的运用

老虎雕刻造型知识在菜点制作中的运用如图6.143和图6.144所示。

图6.143 热菜

图6.144 艺术冷拼

图6.145

图6.146

图6.147

6.5.1　麒麟相关知识介绍

麒麟，亦作"骐麟"，简称"麟"，是中国古代传说中的一种动物。麒麟不是地上的，而是天上的神物，常伴神灵出现，是神的坐骑。麒麟是吉祥神兽，能给人带来丰年、福禄、长寿与美好，也有招财纳福、镇宅辟邪的作用。

在中国众多民间传说中，关于麒麟的故事虽然并不是很多，但麒麟在民众生活中都实实在在地体现出它特有的珍贵和灵异。传说中，麒麟为仁兽，是吉祥的象征，能为人带来子嗣。相传孔子将生之夕，有麒麟吐玉书于其家，上写"水精之子孙，衰周而素王"，意谓他有帝王之德而未居其位。因此，麒麟也用来比喻才能杰出的人。

麒麟的雕刻在食品雕刻中是一个重点内容。在学习雕刻的过程中，要充分借鉴骏马和梅花鹿的雕刻方法和技巧，特别是麒麟身体和四肢部分的雕刻。

6.5.2　麒麟的各种造型参考图

如图6.145～图6.153所示。麒麟是中国古人按中国人的思维方式、复合构思所产生、创造出的动物，雄性称麒，雌性称麟。古人把麒麟当作仁兽、瑞兽，与凤、龟、龙共称为"四灵"。从麒麟外部形状上看，身体像鹿，集龙头、鹿角、狮眼、虎背、熊腰、牛尾、鱼鳞皮于一身。这种造型其实是把那些备受人们珍爱的动物所具备的优点全部集中在麒麟上，充分体现了中国人的"集美"思想。所谓"集美"，通俗地说，就是将一切美好的东西集中在一个事物上的一种表现。这种理念，一直是几千年来中国人对精神世界和物质世界不断努力追求的目标和愿望。

图6.148

图6.149

图6.150

图6.151　　　　　　　图6.152　　　　　　　图6.153

6.5.3　麒麟雕刻过程

图6.154　麒麟玉书（1）　　　　　图6.155　麒麟玉书（2）

1）主要原材料

南瓜、胡萝卜、香芋、红薯等。

2）雕刻工具

主刀、拉刻刀、戳刀、502胶水、砂纸等。

3）制作步骤

（1）麒麟的头部雕刻

图6.156　　　　　　　图6.157　　　　　　　图6.158

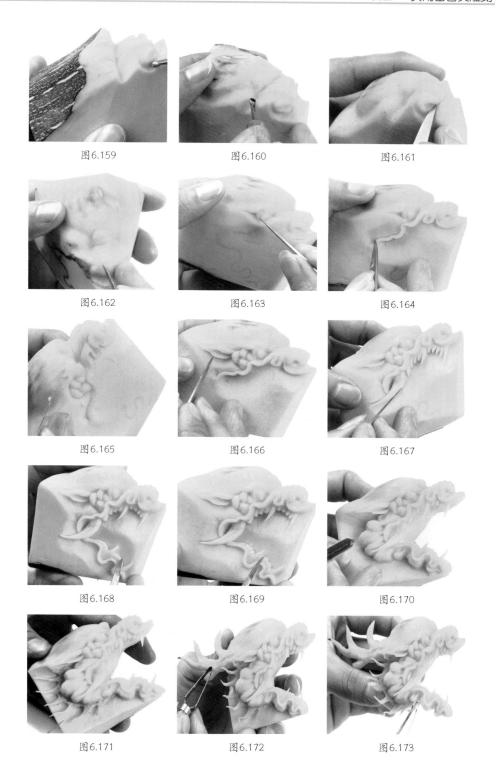

图6.159   图6.160   图6.161

图6.162   图6.163   图6.164

图6.165   图6.166   图6.167

图6.168   图6.169   图6.170

图6.171   图6.172   图6.173

图6.174

图6.175

图6.176

图6.177

图6.178

①取一块梯形原料，确定麒麟鼻子和额头的位置。如图6.156所示。

②在鼻子和额头处各切一个三角形的缺口，并用U形拉刻刀或U形戳刀雕刻出鼻翼、眼眶和额头的凹凸点。如图6.157和图6.158所示。

③雕刻出鼻翼和眼部的大形，并用主刀尖旋刻出鼻孔。如图6.159～图6.162所示。

④雕刻出麒麟的眼睛。如图6.163所示。

⑤用主刀雕刻出麒麟翻卷的嘴唇。如图6.164所示。

⑥雕刻出麒麟的眉毛和耳朵。如图6.165和图6.166所示。

⑦雕刻出麒麟上嘴的牙齿。如图6.167所示。

⑧雕刻出麒麟的下嘴唇、下嘴的牙齿。如图6.168和图6.169所示。

⑨雕刻出麒麟脸部的咬肌和腮刺。如图6.170和图6.171所示。

⑩雕刻出麒麟的角，并粘接在耳朵的后边。如图6.172和图6.173所示。

⑪雕刻出麒麟头部的毛发、水须、胡子等。如图6.174～图6.176所示。

⑫将雕刻好的麒麟毛发、水须、胡子等组装在一起，形成完整的麒麟头。如图6.177和图6.178所示。

（2）麒麟的躯干和四肢的雕刻

图6.179

图6.180

图6.181

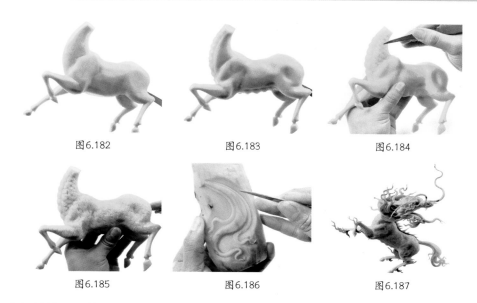

图6.182　　　　　　　　图6.183　　　　　　　　图6.184

图6.185　　　　　　　　图6.186　　　　　　　　图6.187

①确定麒麟的整体姿态，再取一块状长方形原料，在表面画出麒麟的躯干大形。

②根据画出的躯干大形，沿着麒麟背部的曲线雕刻出肩、背、腰、臀等。如图6.179所示。

③在麒麟的前后肢位置上粘接一块原料，然后画出前后肢的大形，并雕刻出来。如图6.180~图6.182所示。

④用拉刻刀或U形戳刀雕刻出麒麟身体上的肌肉和凹凸点，并用砂纸打磨光滑。如图6.183所示。

⑤雕刻出麒麟身体上的鳞片。如图6.184和图6.185所示。

⑥雕刻出麒麟的尾巴，将雕刻好的头部和尾巴组装在躯干上。如图6.186和图6.187所示。

6.5.4　麒麟雕刻成品要求

①麒麟的整体姿态威武雄壮，各个部位结构准确，比例协调。

②作品整体完整，雕刻手法、刀法熟练，刀痕和破皮的现象少。

③写意和写实的表现手法在麒麟雕刻中运用合理。

6.5.5　麒麟雕刻的要领和注意事项

①雕刻前，一定要熟悉麒麟的形态结构和各部位的比例关系。

②雕刻前，可以按照前面所讲的马的手绘方法画一下麒麟的整体形象。

③雕刻时，可以借鉴骏马和梅花鹿的雕刻方法与要领，特别是躯干和四肢的大形。

④麒麟的四肢和马、鹿相似，只是麒麟的肌肉没有马那么突出，麒麟的蹄子和鹿、牛相同。

⑤雕刻麒麟时，要多使用拉刻刀和戳刀，少用主刀。要善用砂纸，这样雕刻出的作品刀痕和破皮的现象很少。

⑥为了使麒麟雕刻作品（图6.154和图6.155）的整体效果更好，可以在书上雕刻一些文字，突出主题思想。

6.5.6 麒麟雕刻作品的应用

①作为雕刻展台使用。如图6.188所示。

②作为宴会的看盘使用。如图6.189所示。

图6.188　　　　　　　　　　　　图6.189

6.5.7 麒麟雕刻知识延伸

①麒麟雕刻造型艺术在冷拼和工艺热菜中的运用。如图6.190所示。

②由于麒麟的很多特征与龙存在相似之处，因此，麒麟的雕刻技能可以运用在龙的雕刻中。如图6.191所示。

 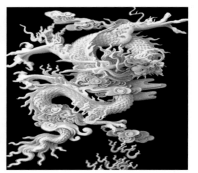

图6.190　工艺热菜　　　　　　图6.191　龙雕刻

 思考与练习

1.麒麟的形态特征主要有哪些？

2.雕刻以麒麟为主要题材的食品雕刻作品。

实用畜兽类雕刻实例——中国龙

图6.192

图6.193

6.6.1　龙相关知识介绍

图6.194

图6.195

图6.196

　　龙是中华民族古代劳动人民创造的一种理想中的动物形象，是神话与传说中的神异动物，是一种可以兴云雨利万物的神异动物，为鳞虫之长。"龙"是只存在于神话传说中而不存在于生物界中的一种虚构的生物。传说龙具有强大的本领，其能走、能飞、能游泳，能显能隐，能细能巨，能短能长，能兴云降雨。春分登天，秋分潜渊，呼风唤雨，无所不能。

　　在封建社会，龙是帝王的象征，代表至高无上的权势，是高贵、尊荣的象征。龙在中国传统的十二生肖中排第五。龙与白虎、朱雀、玄武并称"四神兽"。龙与凤凰、麒麟、龟一起并称"四瑞兽"。在民间，常将龙和凤凰组合成"龙凤呈祥""龙飞凤舞"等图案和形象，象征着祥瑞长寿、幸福和美、天下太平、风调雨顺、生活富足等。

　　传说，龙是由9种动物合而为一，是兼备各种动物之所长的异类。具体由哪9种动物组成是有争议的。其形有9似：头似牛，角似鹿，眼似虎，牙似象，鬃似狮，身似蛇，鳞似鱼，爪似鹰，尾似狗。其背有八十一鳞，具九九阳数。其声如戛铜盘。口旁有须髯，颔下有明珠，喉下有逆鳞。头上有博山，又名尺木，龙无尺木不能升天。呵气成云，既能变

水，又能变火。另一种说法是："嘴像马，眼像虎，须像羊，角像鹿，耳像牛，鬃像狮，鳞像鲤，身像蛇，爪像鹰"。还有一种说法是："头似驼，眼似鬼，耳似牛，角似鹿，项似蛇，腹似蜃，鳞似鲤，爪似鹰，掌似虎。"正因为如此，龙的形态结构并没有统一的标准，身体造型变化多端。但是，按照龙的动态姿势，可以将龙分为团龙、坐龙、行龙、升龙、降龙等。按照龙爪数量的多少又可以分为三爪、四爪、五爪龙。元代以前的龙基本是三爪的，有时前两足为三爪，后两足为四爪。明代流行四爪龙。清代则是五爪龙为多。周朝有"五爪天子，四爪诸侯，三爪大夫"的等级规定，民间也有"五爪为龙，四爪为蟒"的说法。

在龙的造型变化中，要注意把握好龙的"三挺、三要、三不"的特点。所谓三挺就是脖子挺，腰挺，尾巴挺；三要就是要有粗细变化，要有转折变化，要各部位衔接自然；三不就是不低头，不闭嘴，不闭眼。因此，只要抓住龙的造型特点，就能自由变化，创造出形态各异、姿态万千的龙的形象。

6.6.2　龙不同形态、造型的图案参考

龙不同形态、造型的图案如图6.197～图6.201所示。

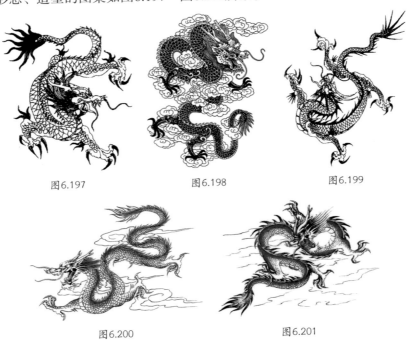

图6.197　　　　　　图6.198　　　　　　图6.199

图6.200　　　　　　图6.201

6.6.3　龙的基本结构

龙的基本结构如图6.202～图6.208所示。

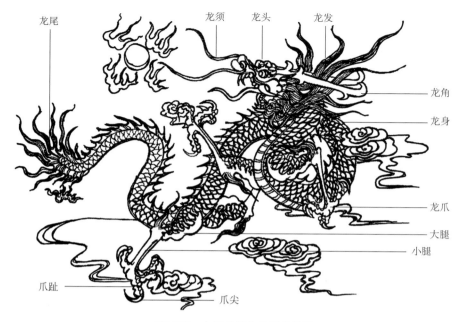

图6.202 中国龙整体外形结构图

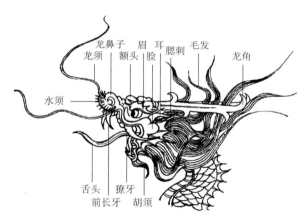

图6.203 龙头部外形结构图

图6.204 各种不同造型的龙头

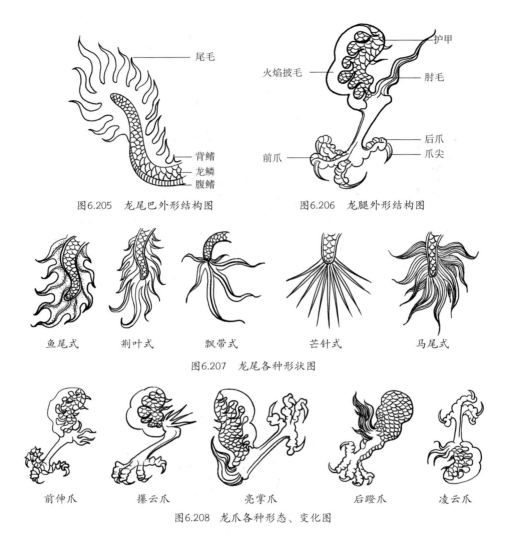

图6.205　龙尾巴外形结构图　　　　　图6.206　龙腿外形结构图

鱼尾式　　　荆叶式　　　飘带式　　　芒针式　　　马尾式

图6.207　龙尾各种形状图

前伸爪　　　攥云爪　　　亮掌爪　　　后蹬爪　　　凌云爪

图6.208　龙爪各种形态、变化图

6.6.4　中国龙的雕刻过程

　　了解和熟悉中国龙身体的基本结构是学好龙雕刻的前提，必须熟悉龙身体各部位的形态结构。中国龙类题材的雕刻作品要表现出龙威猛无比、势不可当、不可战胜、唯我独尊的气势。

图6.209　　　　　　　　　　　图6.210

1）主要原材料

南瓜、胡萝卜、香芋、红薯等。

2）雕刻工具

主刀、拉刻刀、戳刀、502胶水、砂纸等。

3）制作步骤

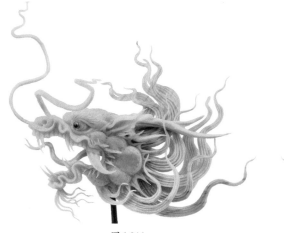

图6.211

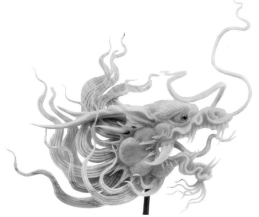

图6.212

（1）龙的头部雕刻

图6.213

图6.214

图6.215

图6.216

图6.217

图6.218

图6.219

图6.220

图6.221

图6.222

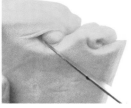

图6.223

图6.224

①取南瓜切成梯形。在窄的一头确定鼻子和额头的位置，并各切出一个三角形的缺口。如图6.213和图6.214所示。

②确定双眼、额头、鼻梁和鼻翼的位置并雕刻出大形。如图6.215～图6.217所示。

③雕刻出龙的鼻翼。如图6.218～图6.220所示。

④用U形戳刀或大号拉刻刀雕刻出龙的鼻梁和眼眶。如图6.221和图6.222所示。

⑤雕刻出龙的眼睛和水须。如图6.223和图6.224所示。

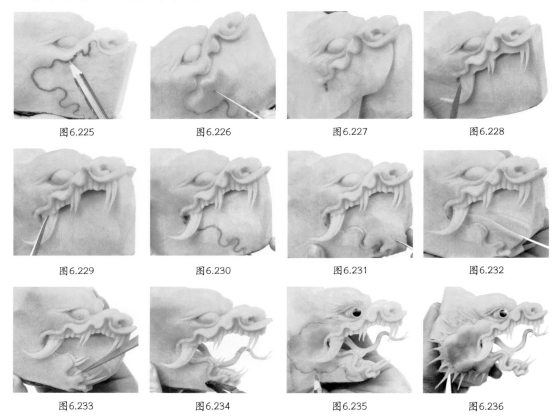

图6.225　　　　　　图6.226　　　　　　图6.227　　　　　　图6.228

图6.229　　　　　　图6.230　　　　　　图6.231　　　　　　图6.232

图6.233　　　　　　图6.234　　　　　　图6.235　　　　　　图6.236

⑥确定龙上嘴唇翻卷的形状，并用主刀雕刻出来。如图6.225和图6.226所示。

⑦雕刻出龙的上牙齿，把獠牙、前长牙和尖牙一起雕刻出来。如图6.227～图6.229所示。

⑧确定龙下嘴唇翻卷的形状，并雕刻出来。如图6.230和图6.231所示。

⑨雕刻出下牙齿的形状。如图6.232～图6.234所示。

⑩确定龙脸颊的位置和大形，并雕刻出脸颊和腮刺。如图6.235和图6.236所示。

图6.237　　　　　　图6.238　　　　　　图6.239

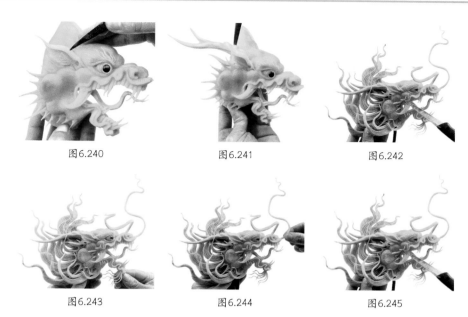

| 图6.240 | 图6.241 | 图6.242 |
| 图6.243 | 图6.244 | 图6.245 |

⑪雕刻出龙的角、耳朵和毛发。如图6.237~图6.239所示。

⑫给雕刻好的龙头粘上耳朵、龙角、胡须、龙须以及毛发。如图6.240~图6.245所示。

（2）龙的躯干部位的雕刻

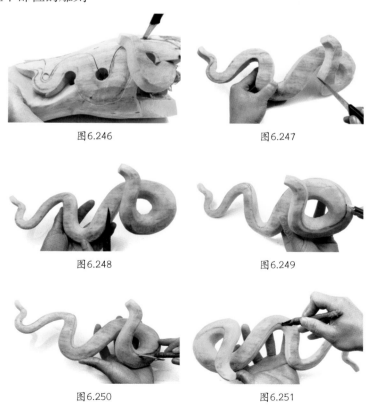

图6.246	图6.247
图6.248	图6.249
图6.250	图6.251

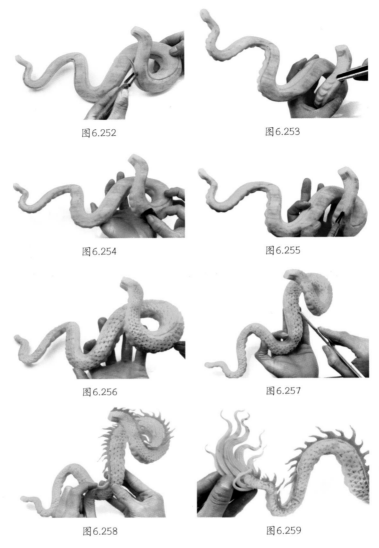

图6.252

图6.253

图6.254

图6.255

图6.256

图6.257

图6.258

图6.259

①取一个瓜肉比较厚实且个儿大的南瓜，确定龙身体的姿态和大形，并用主刀雕刻出来。如图6.246和图6.247所示。

②去掉龙身大形的棱角，确定龙背鳍的走向，用中号拉刻刀沿着龙背鳍走向拉刻出一条凹槽。如图6.248～图6.251所示。

③用大号拉刻刀或中号U形戳刀雕刻出龙的腹甲。如图6.252～图6.255所示。

④用砂纸将雕刻好的龙身打磨平整后，再用主刀或V形拉刻刀雕刻出龙身上的鳞片。如图6.256和图6.257所示。

⑤另取胡萝卜雕刻出龙的背鳍，并粘接在凹槽内。如图6.258所示。

⑥雕刻出龙尾巴，并将龙尾巴粘接在龙身体的尾部。如图6.259所示。

（3）龙四肢的雕刻

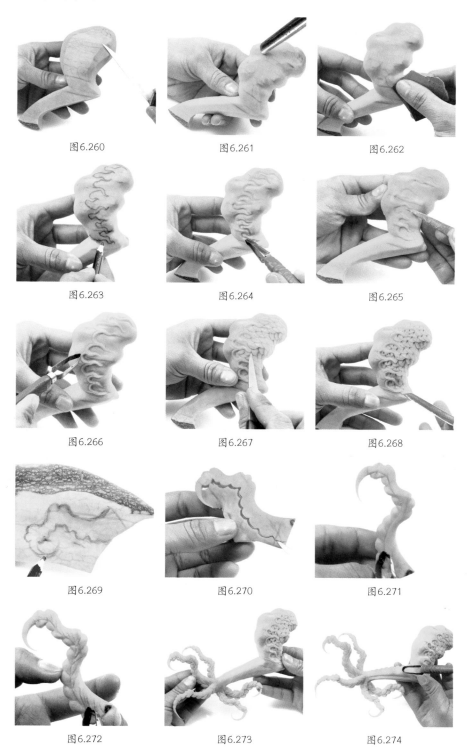

图6.260

图6.261

图6.262

图6.263

图6.264

图6.265

图6.266

图6.267

图6.268

图6.269

图6.270

图6.271

图6.272

图6.273

图6.274

图6.275   图6.276   图6.277

①取一块状南瓜原料，画出龙腿的大形，并用主刀雕刻出来。如图6.260所示。

②用U形戳刀或大号拉刻刀雕刻出龙大腿上的凹凸点，并用砂纸打磨光滑。如图6.261和图6.262所示。

③画出龙大腿前面的火焰披毛，并用拉刻刀和主刀雕刻出来。如图6.263~图6.266所示。

④用主刀雕刻出龙大腿上的护甲。如图6.267和图6.268所示。

⑤雕刻出龙的5个爪趾。如图6.269~图6.272所示。

⑥将爪趾按照前4后1或前3后2的方法粘接在小腿上。如图6.273所示。

⑦用拉刻刀和U形戳刀雕刻出小腿上的细节，并在龙大小腿的关节处粘接上肘毛。如图6.274~图6.277所示。

（4）组装成型

将雕刻好的龙头、龙身、龙腿等部件组装成完整的中国龙。如图6.278和图2.279所示。

图6.278   图6.279

6.6.5 龙雕刻成品要求

①作品整体完整，各部位结构准确，比例恰当，形态生动，气势如虹。

②刀法熟练、细腻，作品刀痕较少。

③采用零雕整装、写实与写意相结合的雕刻手法进行雕刻创作。

④龙的整体线条流畅，腿爪苍劲有力，肌肉块大小饱满，牙齿锋利，鼻头圆润，具有阳刚之美。

6.6.6 龙雕刻的要领和注意事项

①龙的头部是雕刻的重点和难点，雕刻时，要熟悉龙头部的结构特征。

②龙身体姿态要灵活，要注意首、腹、尾3个身段的粗细变化。

③雕刻过程中，应注意雕刻工具的合理使用，多用戳刀或拉刻刀。

6.6.7 中国龙雕刻作品的应用

①主要是作为盘饰装饰菜点以及作为雕刻看盘用于宴席中，也可以用于雕刻展台的制作中。如图6.280 ~ 图6.283所示。

②龙类题材的雕刻作品主要适用于国宴、商务宴、招待宴、团拜宴、开业宴等宴会之中。

图6.280

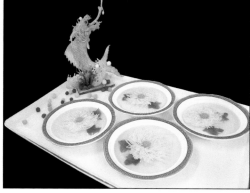

图6.281

图6.282

图6.283

6.6.8 龙雕刻知识延伸

①食品雕刻中龙外形上的造型变化如图6.284、图6.287、图6.288和图6.293所示。

②龙头部的雕刻造型变化如图6.285和图6.289所示。

③龙雕刻造型艺术在烹饪中的运用如图6.286、图6.290、图6.291和图6.292所示。

图6.284 放风筝

图6.285 龙头

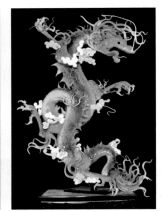
图6.286 糖艺龙

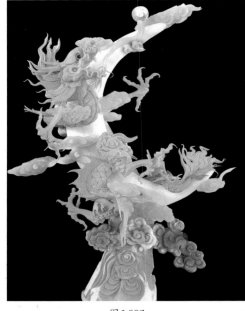
图6.287

图6.288

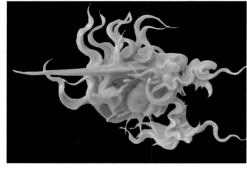
图6.289 龙头

图6.290 艺术冷拼

图6.291 热菜

图6.292 热菜

图6.293 龙马精神

 思考与练习

1.龙的主要形态特征有哪些？

2.在龙的雕刻过程中，有哪些雕刻要领和注意事项？

项目 **7**

实用食品雕刻底座和装饰物雕刻

　　一个完整、优秀的食品雕刻作品，既包括雕刻主体部分，也包括底座和装饰物品等。虽然这些底座和装饰物品雕刻难度不大，结构简单，但是对整个食品雕刻作品来说却意义非凡，其作用非常重要，不可缺少。正是有了底座和装饰物，食品雕刻作品才会显得更加完整和美观，同时，艺术表现力也会更强。在食品雕刻中，比较重要的底座和装饰物有假山石、浪花、云彩、太阳、月亮、火焰、元宝、古松、花草树木、亭台楼阁等。

任务1　底座和装饰物雕刻的基础知识

7.1.1　底座和装饰物在食品雕刻中的作用

　　①支撑和固定雕刻作品的主体。在食品雕刻中，食品雕刻作品主体部分大都比较重，而雕刻的原材料主要是些瓜果蔬菜，其质地脆嫩、易碎，强度不够。因此，要给主体部分加上底座，以支撑主体的重量。如图7.2所示。

　　②突出主体，使雕刻作品的高度增加，也使主体部分显得更加显眼。如图7.3所示。

　　③底座和装饰物能提高食品雕刻作品的整体艺术效果，使作品的主题鲜明、突出。如雕刻龙的题材作品时，一般都要雕刻云彩或浪花，这样搭配才能把龙的那种腾云驾雾、翻江倒海的气势很好地表现出来。如图7.1所示。

　　④有利于构图。能使食品雕刻作品整体完整，各部分连接自然。特别是一些大型的食品雕刻作品，往往是很多个雕刻部件组成的，而要把这些雕刻部件自然地组合在一起，往往需要借助山石、花草、云彩、浪花等来完成。如图7.2所示。

　　⑤调节雕刻作品的色彩。在食品雕刻中，由于原材料和雕刻表现形式的限制，食品雕刻作品的色彩大多比较单一，不够丰富。因此，可以通过底座和装饰物的色彩将整个食品雕刻作品的颜色设计得更加丰富、更加漂亮。如图7.3所示。

图7.1　　　　　　　　　　　图7.2　　　　　　　　　　　图7.3

7.1.2　底座和装饰物的雕刻方法

①将底座、装饰物和食品雕刻作品的主体直接雕刻出来。这种方法要充分利用原材料的形状、大小和长短。其优点是整体感强，比较完整；其缺点是雕刻难度较大，但是效果不一定最好。如图7.4所示。

②先将底座、装饰物和食品雕刻作品的主体分别雕刻出来，再组装成一个完整的雕刻作品。这是一种常用的雕刻方法。其优点是设计作品时可以少受原材料的限制，使雕刻作品的内容和表现形式丰富多彩、自由灵活，雕刻作品主体时也会比较简单、方便。如图7.5和图7.6所示。

③先将食品雕刻作品的主体和底座一起雕刻出来或是雕刻一部分底座出来，再雕刻一部分底座和装饰物。这种方法是前面两种方法的结合，也是一种常用的雕刻方法。这种方法可以充分地利用原材料，同时能降低雕刻作品主体时的难度，也能使雕刻作品的内容和表现形式更加丰富、灵活。

图7.4　　　　　　　　　　　图7.5　　　　　　　　　　　图7.6

7.1.3　底座、装饰物和作品主体搭配要领

①食品雕刻作品的主次要分明，主体要突出。装饰物只能起到陪衬主体的作用，不能喧宾夺主。

②底座的底部要雕刻得稍大一点，这样食品雕刻作品才不会出现头重脚轻、放置不稳的现象。

③底座、装饰物和作品主体要有机地结合，最好能与作品主体部分建立起某种联系，

不要出现互不搭调的情况。以下是一些雕刻题材常用的搭配技巧：

猛禽类：古松、怪石、云彩、高山、水浪等。

家禽类：篱笆、蔬菜、草虫、山石等。

水禽类：荷叶、水草、芦苇、睡莲、假山等。

仙鹤：古松、云彩、荷花、荷叶、假山等。

凤凰：牡丹花、太阳、云彩、山石等。

孔雀：花草、假山、树木等。

兽类：假山、云彩、树木、花草等。

7.1.4　中国传统绘画画诀

1）景物搭配宜忌

虎宜深山大泽，切忌傍依大树。羊必平川草原，莫要深山大川。
雁要平沙芦荻，花间丛林不宜。虫鸟要傍花木，最忌与兽杂处。
竹兰要以石缀，茅舍要会柳翠。宫室要多梧桐，旅店常带鸡月。

2）古人绘画配景口诀

树势参差方为美，远流断续是良工。云烟穿聚升腾势，野径迂回道六通。
竹叶暗藏禅堂意，松柏楼阁气势雄。庭院更宜朱栏小，村店鸦噪意更浓。
山景最好松揽翠，野渡酒帘一点红。画中美景说不尽，千万不要样儿重。

任务2　底座和装饰物雕刻实例——假山石

图7.7

图7.8

图7.9

图7.10

图7.11　　　　　　　　　　　　　　　图7.12

7.2.1　假山石相关知识介绍

假山石在自然界中分布广泛，在我们身边随处可见。假山石形状各异，姿态万千。"石本无性，采后复生"，正是通过人们的智慧和艺术创造，使普通假山石具有很高的观赏价值。在食品雕刻中，假山石是非常重要的底座和装饰物，主要分为斜纹山石、直纹山石、横纹山石、圆纹山石、孔洞山石。

7.2.2　假山石雕刻实例

1）孔洞类假山石雕刻实例

（1）原材料

红薯。

（2）雕刻工具

雕刻主刀、V形戳刀、U形戳刀、拉刻刀、砂纸、502胶水等。

（3）制作步骤

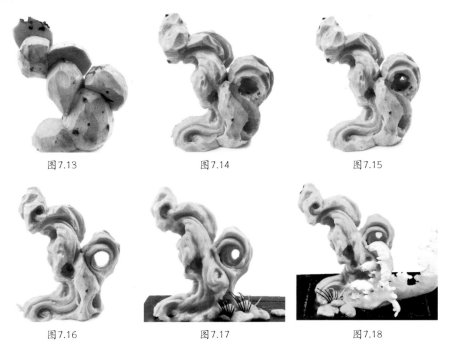

图7.13　　　　　　　　图7.14　　　　　　　　图7.15

图7.16　　　　　　　　图7.17　　　　　　　　图7.18

①将红薯切成厚块，根据假山的形状粘接出假山石的大形。如图7.13所示。

②用不同型号的戳刀和拉刻刀雕刻出假山石的局部。如图7.14~图7.16所示。

③用砂纸打磨光滑假山石，将细部刻画成型。如图7.17所示。

④给雕刻好的假山石点缀上一些小的花草或水浪，使其整体效果更加完美。如图7.17和图7.18所示。

2）直纹、斜纹类假山石雕刻实例

（1）原材料

南瓜。

（2）雕刻工具

雕刻主刀、V形戳刀、U形戳刀、拉刻刀、砂纸、502胶水等。

（3）制作步骤

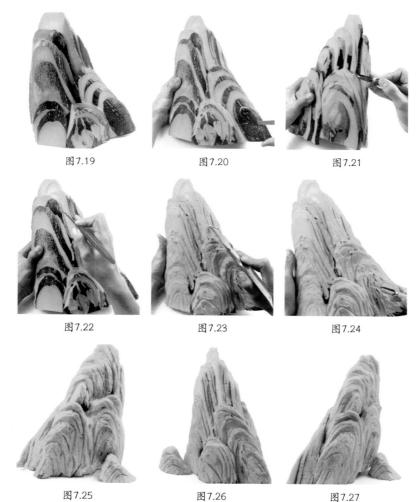

图7.19   图7.20   图7.21

图7.22   图7.23   图7.24

图7.25   图7.26   图7.27

①将南瓜切成厚片，按照假山的形态粘接出假山的大形。如图7.19所示。

②交替使用主刀、戳刀和拉刻刀等工具雕刻假山石的纹路和形态。如图7.20~图7.24所示。

③用砂纸打磨假山石，将细部刻画成型。如图7.25~图7.27所示。

④给雕刻好的假山石点缀上一些祥云、太阳或古树，使其整体效果更加完美。

3）横纹假山石雕刻实例（1）

（1）原材料

老南瓜。

（2）雕刻工具

雕刻主刀、V形戳刀、U形戳刀、拉刻刀、砂纸、502胶水等。

（3）制作步骤

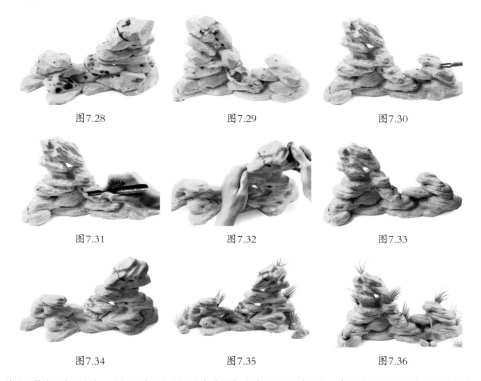

图7.28　　　　　　　　图7.29　　　　　　　　图7.30

图7.31　　　　　　　　图7.32　　　　　　　　图7.33

图7.34　　　　　　　　图7.35　　　　　　　　图7.36

①将红薯切成厚片，按照假山的形态粘接出假山的大形。如图7.28和图7.29所示。

②交替使用主刀、戳刀和拉刻刀等工具雕刻假山石的纹路和形态。如图7.30和图7.31所示。

③用砂纸打磨假山石，将细部刻画成型。如图7.32～图7.34所示。

④给雕刻好的假山石点缀上一些花草，使其整体效果更加完美。如图7.35和图7.36所示。

4）横纹假山石雕刻实例（2）

横纹假山石雕刻实例如图7.37～图7.41所示。

图7.37　　　　　　　　图7.38　　　　　　　　图7.39

图7.40

图7.41

5）圆纹假山石雕刻实例

圆纹假山石雕刻实例如图7.42～图7.45所示。

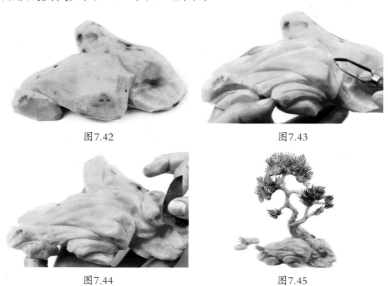

图7.42

图7.43

图7.44

图7.45

7.2.3　假山石雕刻的要求及要领

①雕刻出斜纹山石、直纹山石、横纹山石、圆纹山石、孔洞山石的各自特征。

②假山石的脉络转折、来龙去脉要刻画清楚，切忌线条杂乱无章。

③假山石前后层次要错落有致，互相穿插，防止整体零碎，不紧凑。

④雕刻假山石的多种刀具要交叉使用，根据假山石的特点雕刻成型。

⑤雕刻好的假山石一定要经过正确而恰当地精心打磨，才能体现出最佳的效果。

图7.46

图7.47

7.2.4　假山石雕刻知识的延伸

假山石雕刻造型艺术在艺术冷拼中的运用。如图7.48～图7.60所示。

图7.48

图7.49

图7.50

图7.51

图7.52

图7.53

图7.54

图7.55

图7.56

图7.57

图7.58　　　　　　　图7.59　　　　　　　图7.60

任务3 底座和装饰物雕刻实例——水浪花

图7.61　　　　　　　　　　　图7.62

7.3.1　水浪花的形态

　　水浪花是指水波浪互相冲击或拍击在别的东西上破碎、激起的水点和泡沫水花。水浪花的形状变化多样，有大有小，既气势磅礴，又恬静柔美。在食品雕刻中，水浪花在形态上主要分为浪尾、浪身、浪头和水珠。水浪花是非常重要的底座和装饰物。如图7.63和图7.64所示。

图7.63　　　　　　　　　　　图7.64

7.3.2　水浪花形态参考图案

　　水浪花形态如图7.65所示。

图7.65

7.3.3 水浪花雕刻过程

1）水浪花雕刻实例

（1）原材料

南瓜、白萝卜。

（2）雕刻工具

雕刻主刀、V形戳刀、U形戳刀、拉刻刀、砂纸、502胶水等。

（3）制作步骤

①用南瓜原料粘接并画出水浪花的大形。如图7.66所示。

②用主刀雕刻出水浪花的浪头、浪身和浪尾。如图7.67～图7.71所示。

③水浪花细部刻画，用砂纸打磨成型。如图7.72所示。

④雕刻出水珠，并组装成型。如图7.73和图7.74所示。

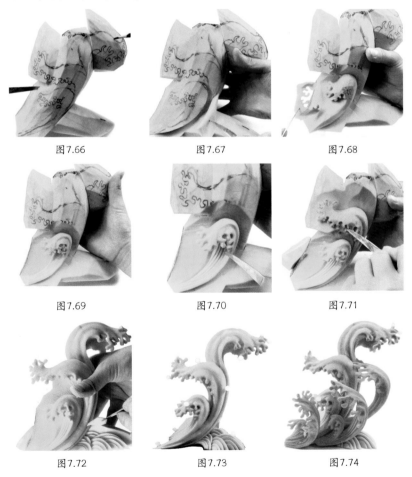

| 图7.66 | 图7.67 | 图7.68 |

| 图7.69 | 图7.70 | 图7.71 |

| 图7.72 | 图7.73 | 图7.74 |

2）水浪花雕刻实例

水浪花雕刻如图7.75～图7.82所示。

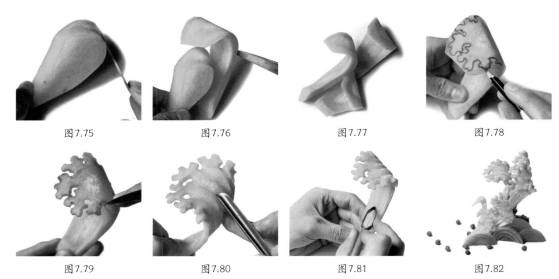

图7.75　　　　　　图7.76　　　　　　图7.77　　　　　　图7.78

图7.79　　　　　　图7.80　　　　　　图7.81　　　　　　图7.82

7.3.4　水浪花雕刻的应用

水浪花雕刻的应用如图7.83和图7.84所示。

图7.83　　　　　　　　　　　　　　　图7.84

7.3.5　水浪花雕刻知识延伸

1）祥云的雕刻

（1）祥云参考图案

祥云参考图案如图7.85所示。

图7.85

（2）祥云雕刻实例（1）

祥云雕刻实例如图7.86～图7.93所示。

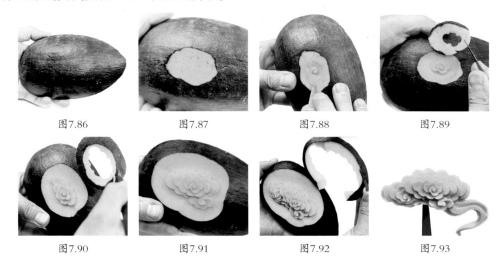

| 图7.86 | 图7.87 | 图7.88 | 图7.89 |

| 图7.90 | 图7.91 | 图7.92 | 图7.93 |

（3）祥云雕刻实例（2）

祥云雕刻实例如图7.94～图7.105所示。

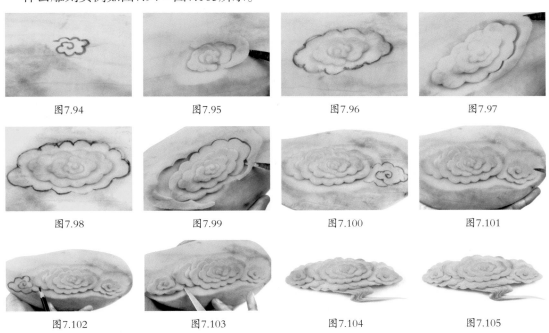

| 图7.94 | 图7.95 | 图7.96 | 图7.97 |

| 图7.98 | 图7.99 | 图7.100 | 图7.101 |

| 图7.102 | 图7.103 | 图7.104 | 图7.105 |

2）火焰的雕刻

（1）火焰参考图案

火焰参考图案如图7.106和图7.107所示。

图7.106   图7.107

（2）火焰雕刻实例

火焰雕刻实例如图7.108～图7.111所示。

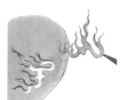

图7.108   图7.109   图7.110   图7.111

任务4 底座和装饰物雕刻实例——古树

图7.112   图7.113   图7.114

图7.115   图7.116   图7.117

7.4.1 古树相关知识介绍

古树是指树龄在100年以上的老树。生长100年以上的树已进入缓慢生长阶段，干径增粗极慢，形态上给人饱经风霜、苍劲古拙之感。而那些稀有、名贵或具有历史价值、纪念意义的树木则称为名木。世界上的长寿树大多是松柏类、栎树类、杉树类、榕树类树木，以及槐树、银杏树等。古树、名木以其历史文化丰富、姿态奇特美观、观赏价值极高而闻名。

在我国的传统文化中，古树代表不屈不挠、健康长寿、生命力旺盛等意义。因此，古树是食品雕刻中经常用到的一类题材。主要雕刻的古树有古松树、古柏树、古梅树等。雕刻时，先雕刻树干，再雕刻树叶，最后组装成型。其中，树干的雕刻造型是最难的部分，一般先画出古树的树干，然后用雕刻的方法进行制作。

7.4.2　古树树干造型参考图案

古树树干造型参考图案如图7.118～图7.121所示。

图7.118　　　　　　　图7.119　　　　　　　图7.120　　　　　　　图7.121

7.4.3　古树雕刻实例——古松

1）原材料

南瓜、红薯等。

2）雕刻工具

雕刻主刀、V形戳刀、U形戳刀、拉刻刀、砂纸、502胶水等。

3）制作步骤

①取一块去皮的南瓜原料，画出古松的枝干大形。如图7.122所示。

②用主刀雕刻出古松的树干大形。如图7.123所示。

③用不同型号的拉刻刀雕刻出古松树枝干上的树皮花纹和疤痕。如图7.124～图7.127所示。

图7.122　　　　　　　　　图7.123　　　　　　　　　图7.124

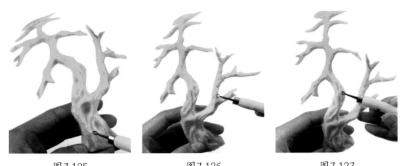

图7.125   图7.126   图7.127

④雕刻出松树的松叶，其形状有扇形、半圆形、椭圆形、针形等。

⑤将古松组装成型。如图7.128～图7.130所示。

图7.128   图7.129   图7.130

7.4.4 古树雕刻实例——梅花树

梅花树雕刻实例如图7.131～图7.138所示。

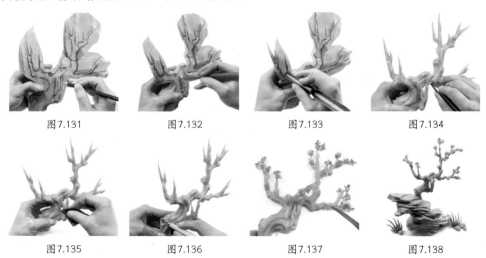

图7.131   图7.132   图7.133   图7.134

图7.135   图7.136   图7.137   图7.138

7.4.5 古树雕刻知识在烹饪中的运用

古树雕刻知识在烹饪中的运用如图7.139～图7.142所示。

图7.139　面点

图7.140　工艺冷拼

图7.141　工艺面塑

图7.142　热菜装饰

任务5　食品雕刻装饰物雕刻实例及运用

7.5.1　装饰用小草雕刻实例

装饰用小草雕刻实例如图7.143～图7.146所示。

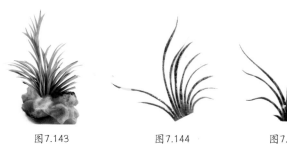
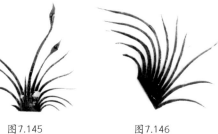

图7.143　　　　　　图7.144　　　　　　图7.145　　　　　　图7.146

7.5.2 装饰用树叶雕刻

| 图7.147 | 图7.148 | 图7.149 | 图7.150 | 图7.151 |

1）树叶雕刻实例（1）

树叶雕刻实例如图7.152～图7.159所示。

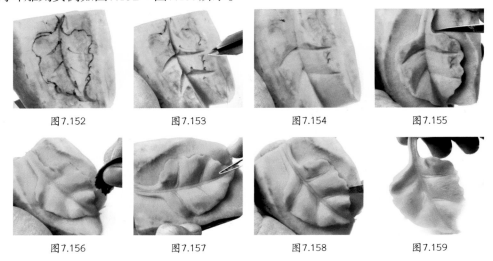

| 图7.152 | 图7.153 | 图7.154 | 图7.155 |

| 图7.156 | 图7.157 | 图7.158 | 图7.159 |

2）树叶雕刻实例（2）

树叶雕刻实例如图7.160～图7.165所示。

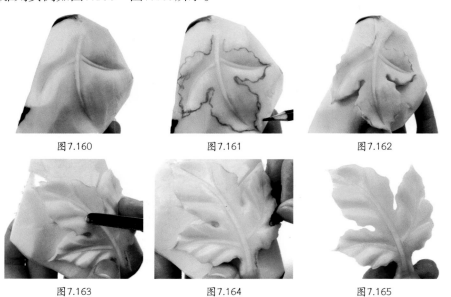

| 图7.160 | 图7.161 | 图7.162 |

| 图7.163 | 图7.164 | 图7.165 |

3）树叶雕刻实例（3）

树叶雕刻实例如图7.166～图7.171所示。

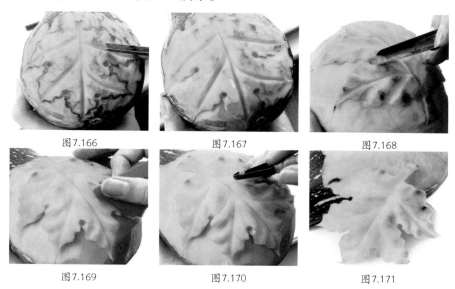

图7.166　　　　　　　　图7.167　　　　　　　　图7.168

图7.169　　　　　　　　图7.170　　　　　　　　图7.171

4）树叶雕刻造型艺术在冷拼中的运用

树叶雕刻造型艺术在冷拼中的运用如图7.172和图7.173所示。

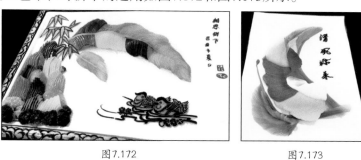

图7.172　　　　　　　　　　　　图7.173

7.5.3　景物类雕刻知识在烹饪中的运用

景物类雕刻知识在烹饪中的运用如图7.174～图7.228所示。

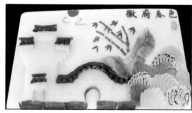

图7.174　　　　　　　　　　　　图7.175

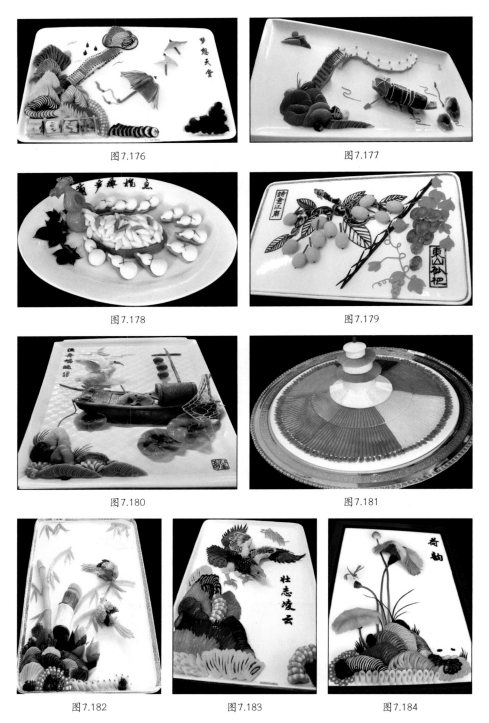

图7.176　　　　　　　　　　　　　　　　图7.177

图7.178　　　　　　　　　　　　　　　　图7.179

图7.180　　　　　　　　　　　　　　　　图7.181

图7.182　　　　　　　　　图7.183　　　　　　　　　图7.184

图7.185　　　　　　　　　图7.186　　　　　　　　　图7.187

图7.188　　　　　　　　　图7.189　　　　　　　　　图7.190

图7.191　　　　　　　　　　　　　　图7.192

图7.193　　　　　　　　　　　　　　图7.194

图7.195

图7.196

图7.197

图7.198

图7.199

图7.200

图7.201

图7.202

图7.203

图7.204

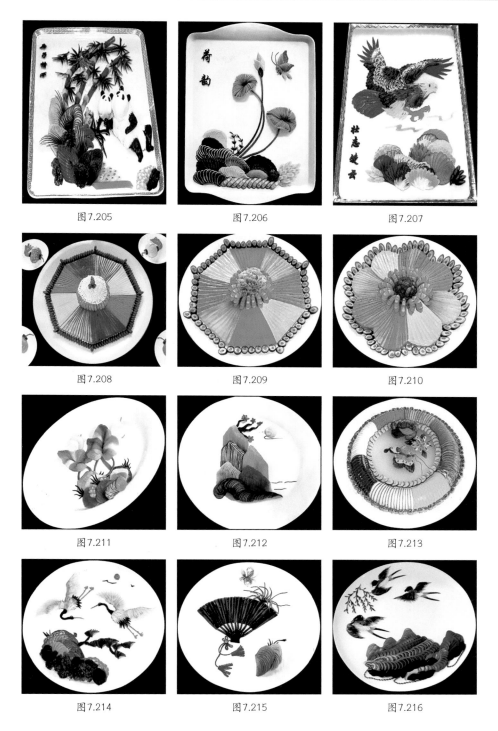

图7.205

图7.206

图7.207

图7.208

图7.209

图7.210

图7.211

图7.212

图7.213

图7.214

图7.215

图7.216

图7.217　　　　　　　　图7.218　　　　　　　　图7.219

图7.220　　　　　　　　图7.221　　　　　　　　图7.222

图7.223　　　　　　　　图7.224　　　　　　　　图7.225

图7.226　　　　　　　　图7.227　　　　　　　　图7.228

7.5.4 食品雕刻底座和装饰物应用实例

食品雕刻底座和装饰物应用实例如图7.229～图7.247所示。

图7.229

图7.230

图7.231

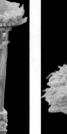

图7.232

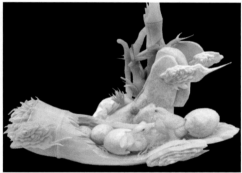

图7.233

图7.234

图7.235

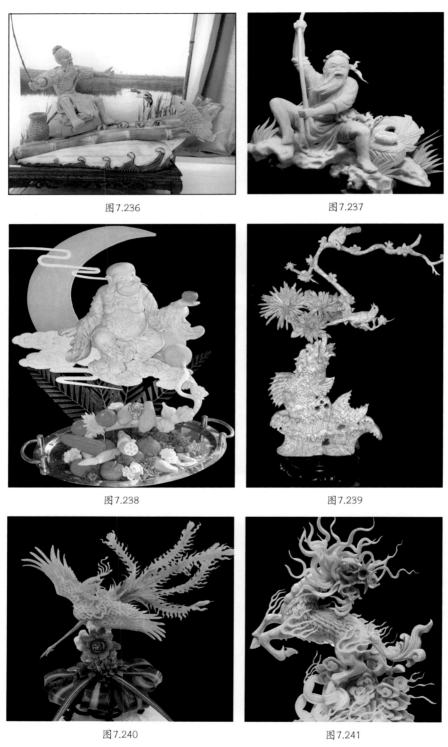

图7.236

图7.237

图7.238

图7.239

图7.240

图7.241

图7.242

图7.243

图7.244

图7.245

图7.246

图7.247

实用瓜雕类雕刻

图8.1

图8.2

图8.3

现代优秀瓜雕作品

任务1　瓜雕的基础知识

8.1.1　瓜雕的概念

　　食品雕刻中的瓜雕是高档宴席和宴会中的工艺菜品。瓜雕类雕刻是果蔬类雕刻中的一种，是运用特殊刀具和雕刻刀法、手法将瓜类原料（如西瓜、长南瓜、南瓜、冬瓜等）雕刻成瓜灯、瓜盅、瓜篮、瓜船、瓜罐、瓜盒、龙舟等容器类食品雕刻作品的一种食品雕刻方式。其中，瓜灯、瓜盅、瓜篮的应用较为广泛。瓜雕主要是利用瓜皮与肉质的颜色对比来表现图案和主题。瓜雕作品基本上保持了瓜类原料原来的形状。瓜雕的表现形式有浮雕、镂空雕、套环雕、透明雕等。在一个瓜雕作品中常以多种表现形式存在。

　　《山家清供》是南宋时期的一部重要烹饪著作，其中就讲到在当时有一个人将香橼对切开，做成两只杯子，在香橼皮上雕刻上花纹，并用它温酒给客人品尝，其味道特别香醇且雅趣横生。这应该是现代的冬瓜盅、西瓜盅之类的瓜雕类雕刻的雏形。瓜雕艺术发展的鼎盛时期是明、清时期。扬州掀起瓜雕的热潮，开始以瓜灯居多，后瓜刻盛兴。《扬州画舫录》中有"取西瓜镂刻人物、花卉、虫鱼之戏"，其表现的内容、雕刻的刀法和作品的构思都达到了一定的高度。

随着社会的发展和人们生活水平的不断提高，瓜雕类雕刻技术也得到了进一步发展和创新。

8.1.2 瓜雕类雕刻的特点

①瓜雕类雕刻的技术难度相对比较简单、容易。瓜雕主要是在各种瓜类原料的表面上进行雕刻，且多以浅浮雕和套环的形式出现。

②瓜雕类作品相比其他果蔬雕，其表现形式特别，特色非常突出，容易引人注目，装饰席面效果好。

③瓜雕能够用来表现情节比较丰富、细腻的作品。瓜类原料质地细腻，软硬适中，便于雕刻。因此，在刻画一些复杂的细节时就比较容易。

④瓜雕类作品能增加菜点的可食性以及菜点的色彩和香味。瓜雕的原材料本身就是可以食用的，而且具有特殊的香味和色彩，在和菜点搭配时能使菜点的质量更加完美。

⑤瓜雕不仅要求作者雕刻技法精湛，而且要具有良好的美术修养，是集雕刻与绘画于一体的雕刻艺术。因此，对于有绘画功底的雕刻者来讲，掌握瓜雕技巧就更加容易。

⑥瓜雕类作品实用性强，作品不易变形、变色。

8.1.3 瓜雕常用的工具

瓜雕的主要雕刻工具是一些果蔬雕刻常用的工具。但由于雕刻形式以及雕刻方法上的独特性，因此，也有一些特有的雕刻工用具。主要有：

1）戳线刀（刻线刀）

戳线刀是一种外形比较特殊的雕刻工具，主要用于戳线条和瓜雕时制作套环。由于其设计独特，因此，雕刻出的线条很容易做到粗细、宽窄、厚薄一致。如图8.4所示。

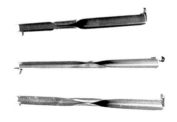

图8.4 刻线刀

2）分规

分规是圆规的一种，其区别是，分规的两个脚都是金属尖。分规主要用于在瓜类原料上定位、画圆、画平行线以及确定雕刻物体的比例。如图8.5所示。

图8.5 分规

3）薄金属汤勺

薄金属汤勺在瓜雕中主要用来掏挖瓜瓤，将瓜的内部挖空、挖净。

4）画线笔

画线笔主要有墨水笔、水溶性画笔、圆珠笔等，用于瓜雕时在原料上描绘图案。

8.1.4 瓜雕主要的雕刻技法

1）平面雕

平面雕是瓜雕中最简单、最实用的一种雕刻方法。平面雕就是用刻线刀或戳刀直接在原料上戳出较浅的线条图案，如山水、花鸟、鱼虾等。平面雕分为阳文雕和阴文雕。

2）高浮雕

高浮雕是在原料的表面雕刻出向外凸出的图案。由于图案凸出的高度比较高，因此，图案的立体感较强。主要用主刀进行雕刻，某些地方也可用戳刀雕刻。

3）镂空雕

镂空雕是把掏空了瓜瓤的瓜类原料表面的某一部分戳透镂空的一种雕刻技法。镂空的部分一般是图案空余的地方，主要用于瓜灯的雕刻制作。

4）套环雕

套环雕是用一种特殊的刻线刀，雕刻出各种套环，形成似断非断的效果。套环雕也是一种特殊的镂空雕。

5）组合雕

组合雕是将上面几种雕刻方法组合运用。现在多数瓜雕作品都包含了好几种雕刻技法。

图8.6 交叉套环

图8.7 浮雕刻字

8.1.5 瓜雕制作步骤

1）构思

根据宴会的性质和菜点的内容设计出合适的瓜雕作品，包括原料的选择、表现的形式、主题思想以及主要雕刻内容的确定等。

2）画图

在雕刻前，将构思好的内容画在瓜的表面上。通常是先在瓜类原料上确定瓜盖、瓜身和瓜座，然后均匀地将瓜身分成3个面或4个面，再在每个面上画出边框，最后在边框内画出设计好的图案内容。

3）雕刻

将画好的图案内容用雕刻的方法表现出来。这是瓜雕最重要的一个环节。

4）揭盖、掏瓤

雕刻好图案内容后将瓜盖揭开，并将瓜瓤挖空或留一定量的瓜瓤。

5）雕刻底座

雕刻好瓜雕主体后需要为其雕刻一个底座。底座的主要作用是固定瓜雕的主体，使瓜雕作品更加完美。

6）浸泡

雕刻好的作品需要在水中浸泡约15分钟，并整理瓜环和其他细节。

7）组装瓜雕作品

将瓜盖、瓜身和底座组装在一起。为了使整体效果更好，可以在作品的周围搭配一些小的雕刻配件。

8.1.6　瓜雕的雕刻要领和注意事项

1）选料要好

要求原料新鲜，大小合适，表皮光滑、平整、完整，颜色均匀、鲜浓，没有花纹。

2）作品构思要好

要求主题明确、合理，雕刻内容与宴会的主题或菜点性质搭配恰当。

3）加强美术修养，提高绘画的能力

瓜雕有一种说法就是画得好，不一定作品质量就好，但是画不好，最后的作品质量肯定差。

4）雕刻时，注意力要集中，下刀要稳健，刀路要流畅

雕刻时，先雕刻主体部分，再雕刻其他部分。先雕刻重点部分，再雕刻一般部分。

5）画图前，原料要洗干净，并把水擦干

雕刻时，应在原料下垫上湿毛巾，可防止转动原料时打滑。

6）揭盖、掏瓤的时候，要根据作品的需要确定瓜瓤掏挖的程度

比如，雕刻西瓜灯的时候，要求留一部分红瓤，以便内衬蜡烛或电子灯具。

7）雕刻底座的大小要合适

底座占盅体的1/3，盅盖占盅体的1/3，底座的颜色和内容要与瓜身的颜色及瓜身的内容风格一致。

8）雕刻图案前，可将图案拓于瓜体上再进行雕刻

瓜雕的内容主要是常见的艺术字或较复杂的图案。比如，剪纸、皮影、贴画、窗花、年画、刺绣、素描、简笔画、吉祥图案等都是很好的瓜雕图案素材。

8.1.7　瓜雕常用花边和图案参考

1）瓜雕常用的图案

如图8.8～图8.22所示。

食品雕刻

图8.8

图8.9

图8.10

图8.11

图8.12

图8.13

图8.14

图8.15

图8.16

图8.17

图8.18

图8.19

图8.20

图8.21

图8.22

2）瓜雕常用花边图案参考

如图8.23和图8.24所示。

工字纹	花瓣纹
如意纹	树叶纹
回字纹	菱形纹
已字纹	兰草纹
三角纹	松叶纹
竹席纹	排浪纹

图8.23　　　　　　　　　　　图8.24

任务2　瓜雕实例——瓜盅、瓜灯、瓜篮

8.2.1　瓜盅、瓜灯、瓜篮的相关知识介绍

简单的瓜盅主要由盅和底座两部分构成。盅又分盅体和盅盖，雕刻者要根据瓜盅的结构特点和造型特点，从瓜盅的整体布局、图案设计和点缀装饰3个方面进行，一般作为盛器或独立作为观赏性食品工艺品。如图8.25所示。

瓜灯的雕刻与瓜盅极为相似，但瓜灯是纯观赏性的食品工艺品。按需要将瓜瓤掏出，便于内置灯具，多采用镂空或用透明雕的方法。镂空（图8.26）的雕刻方法是在瓜的表皮做图案后再在合适的部位镂空，使光线透射出瓜外。透明雕（图8.27）的雕刻方法是先在瓜的表皮做图案后用刀具将瓜的内壁刮薄，便于在外边看到瓜体内部朦胧的光。

瓜篮属于纯观赏性的食品工艺品，其作用是盛装食品或鲜花等，一般由瓜篮和底座两部分组成，可分为设计、布局、雕刻、整理、点缀装饰等方面。

图8.25　　　　　　　图8.26　　　　　　　　图8.27

8.2.2 瓜灯和瓜篮结合作品的雕刻过程

1）原材料

椭圆的墨绿皮大、中、小西瓜3个。

2）工用具

平口刀、手刀、U形戳刀、V形戳刀、戳线刀。

3）制作步骤

（1）雕刻瓜雕的底座部分

取较大的西瓜，切1/3，用戳线刀戳刻出瓜口线，雕成如下图案后浸泡在水中。如图8.28～图8.31所示。

图8.28　　　　　　图8.29　　　　　　图8.30　　　　　　图8.31

（2）雕刻瓜灯部分

①取中等大小的西瓜，戳刻出瓜口线，分成两个观赏面和两个侧面。将图案拓于其中一个观赏面上，去净余料。如图8.32～图8.34所示。

图8.32　　　　　　　　图8.33　　　　　　　　图8.34

②在另一观赏面刻上双层套环，将两个侧面做成简单的交叉套环。如图8.35和图8.36所示。

图8.35　　　　　　　　　　　图8.36

③去掉上下两个盖，掏瓤后浸泡于水中，整理成如下图形。如图8.37～图8.39所示。

图8.37　　　　　　　　图8.38　　　　　　　　图8.39

（3）雕刻瓜篮部分

①取较小的西瓜，设计出瓜篮的图案，进行镂空和刻环。

②去掉多余部分，用戳刀刻出若干西瓜线条，用小U形刀戳出若干孔，线条插入小孔做成花篮的边。

③用U形戳刀沿花篮的提手戳，去余料，用水浸泡后整理成型。如图8.40～图8.43所示。

图8.40　　　　　　　图8.41　　　　　　　图8.42　　　　　　　图8.43

（4）瓜篮、瓜灯和底座组装成型

底座、瓜灯和瓜篮摆放在一条中心线上。如图8.44和图8.45所示。

图8.44　　　　　　　　　　图8.45

（5）对瓜雕作品整体进行装饰和整理

如图8.46和图8.47所示。

图8.46　　　　　　　　　　图8.47

8.2.3　成品要求

①图案设计美观，简洁明快，寓意美好，象征荣华富贵。

②底座和盅体的比例为1.2∶1，底座宽于盅体，整体感觉重心稳当而协调。

③盅体雕刻技法多种并用，刀法娴熟，设计巧妙。

8.2.4 操作要领

①最好选墨绿色皮面的西瓜，这样图案显得清爽而不杂乱。

②所用刀具必须锋利，否则有毛边，容易断。

③瓜灯去瓜瓤时，要保留0.5厘米厚的瓜瓤。

④出套环时，先去瓤，然后泡在水中，从瓜内部往外推出层次。

⑤底座的瓜瓤留下，贴瓜瓤用手刀进刀，保证露出的瓜瓤平滑。

⑥花篮的瓜瓤留下插花用，可省去花泥。

⑦初学者可以备502胶水粘接断的瓜环。

⑧做浮雕时，空白部位可根据需要用较细的砂纸打磨。

⑨盅体、底座和瓜篮必须摆放在一条中心线上。

8.2.5 瓜雕的应用

①酒店、宾馆的开业庆典以及一些大形宴会或比赛。如图8.48所示。

②作为盛器用来盛装菜品。如图8.27所示。

图8.48

8.2.6 主题知识延伸

优秀瓜雕作品鉴赏。如图8.49~图8.60所示。

图8.49　　　　　　　　图8.50　　　　　　　　图8.51

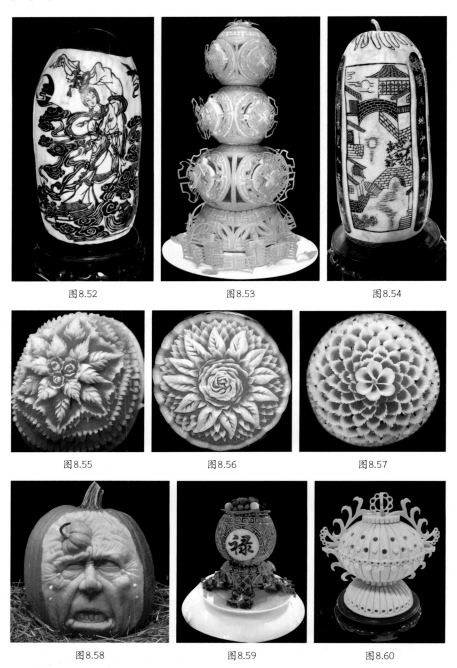

图8.52   图8.53   图8.54

图8.55   图8.56   图8.57

图8.58   图8.59   图8.60

 思考与练习

1.雕刻时，瓜环线不平整、有毛边是什么原因造成的？应怎样避免？

2.尝试雕刻加工制作瓜盅和瓜灯。

实用人物类雕刻

　　人物类雕刻在食品雕刻中是难度相对比较大的，学习起来比较困难。但是，人物又是我们平时接触最多、最熟悉的，对于各类人物的高矮、胖瘦、美丑也能比较容易地鉴别。因此，在学习人物类雕刻时，我们可以把自己或是朋友作为模特来观察学习。特别是结合中国绘画实践中总结的一些规律，把这些知识用在人物的雕刻学习中，就会取得比较好的效果。在人物类雕刻学习中，要做到五官准确，表情传神，身体比例恰当。

图9.1　现代牙雕

图9.2　现代木雕

图9.3　现代牙雕

　　在食品雕刻中，雕刻的人物对象主要是神话传说中的各类人物以及古代美女和英雄人物等，如寿星、罗汉、仙女、关公、老人、幼童等。如图9.4～图9.9所示。

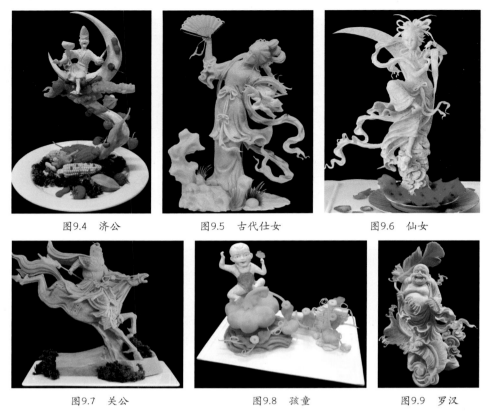

图9.4 济公　　　　　图9.5 古代仕女　　　　　图9.6 仙女

图9.7 关公　　　　　图9.8 孩童　　　　　图9.9 罗汉

任务1　人物类雕刻的基础知识

图9.10 食品雕刻人物头像

9.1.1　中国人物绘画中与食品雕刻有关的知识

在中国悠久的绘画历史进程中，历代画家总结出了许多画人物的规律。这些规律在食品雕刻中同样可以借鉴，并加以运用。这对我们学好人物类的食品雕刻有非常大的帮助，是必须掌握的基础知识。

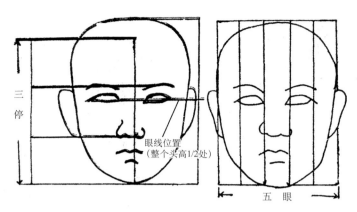

图9.11　人五官正面比例关系图

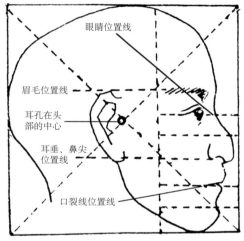

图9.12　人体五官侧面比例关系图

1）三停五眼看头型，高矮再照脑袋衡；罗汉神怪不在内，再除娃娃都能行

意思是说，正常人头部的五官比例关系可以用"三停五眼"来概括。而对于人的身高比例，则可以用头的长度来衡量。具体来讲，"三停"就是自发际线开始到眉毛，自眉毛到鼻尖，自鼻尖到下巴这3部分的距离是相等的。"五眼"指的是从正面看，左耳边缘到右耳边缘的距离正好是5个眼睛的长度。两只眼睛的位置在整个头部高度1/2的横线上，两眼之间的距离正好是一只眼睛的间隔，如图9.11所示。但是，小孩子和罗汉神怪要除外。比如，小孩子的眼睛位置就在头高1/2横线的下边，小孩子的五官距离比较短。

2）头分三停，肩担两头；一手能捂半张脸，立七坐五盘三半

意思是说，一个成年男人的两肩宽度正好是其头部宽度的两倍（女人的肩膀宽度要稍窄一些）。一个人手的大小与其半张脸的大小相仿。成年人站立的身体高度大约为7个头的长度，坐立时的身体高度大约为5个头的长度，而盘腿坐时的身体高度大约为3个半头长。但是，这个比例由于使人显得比较矮小，因此，在雕刻绘画中已经很少采用，一般都是按照8个头长的比例来雕刻绘画，如图9.13和图9.14所示。特别是女性的身高，这样的比例可以使女性看起来更加苗条和漂亮，如图9.14所示。

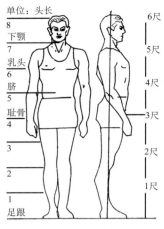

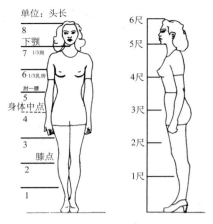

图9.13 理想男性身体比例 　　　　图9.14 理想女性身体比例

3）古人关于人物绘画方面的比例关系描述

①面分三停五眼，身分腰膝肘肩。先量头部大小，再量肩有多宽。

再看手放何处，袖口必搭外臀。袖内上臂贴肋，肘前必对肚脐。

腰下突出是肚，肚下至膝两数。再往下数是脚跟。

正看腹欲出，侧看臀必凸。立见膝下纹，仰见喉头骨。

手大脚大不算坏，脑袋大了才发呆。

②三停五眼看头型，横宽竖长好定位。人体比例头为尺，站七坐五蹲三半。

肩宽能容三个头，一手能捂半张脸。双手垂直至股中，袖口必然搭外臀。

肩肘腰膝是关键，切勿轻心要记准。袖内上臂贴肋骨，肘弯正与肚脐平。

腹部位置在腰下，至膝还有两个头。再往下数是脚跟，站立地面稳又稳。

眼角下弯嘴上翘，笑口常开乐陶陶。嘴角下弯眉紧皱，愁苦人儿免不了。

心情畅然手拈须，春风得意喜气扬。气怒狠者眼拱张，霸气必然在脸上。

手抱头者心惊慌，心虚胆怯鬼祟相。若想画作能传神，画好眼睛是根本。

人体比例须掌握，基本常识要记牢。观察生活多实践，深入钻研必有效。

4）古人关于人物表情绘画方面的技巧总结描述

①若要人脸笑，眼角下弯嘴上翘。若要人愁，嘴角下弯眉紧皱。

②怒相眼挑把眉拧，哀容头垂眼开离，喜相眉舒嘴又俏，笑样口开眼又眯。

③威风杀气是武将，舒展大气是文官。窈窕秀气是少女，活泼稚气是顽童。

9.1.2　古代不同人物头部结构

　　人物的头部是人物类雕刻的关键，一个人最后是美丑还是胖瘦，包括气质风度、喜怒哀乐等都主要是通过人物头部来体现的。人物头部主要包括眼、耳、鼻、嘴、眉毛、头发、胡须以及发型、装饰物品等，其中，五官的位置在头部有一个比较准确的比例关系。

　　人的头部是左右对称的，这点在雕刻的过程中一定要特别注意。其中，人物的眼睛是一个球形，嵌在左右两个眼窝内。从侧面看，眼睛在鼻子高度的1/3处，外边罩着上下眼皮。一般来讲，人的上眼皮比下眼皮宽得多，并且要比下眼皮高一点。上下眼皮相交的地方就是眼角，分内外两个。两个眼角高低变化因人而异，但是左右必须是对称的，否则只是一点儿误差都会让人感觉不美观。

　　眉毛的长短、粗细以及浓淡的变化主要根据人物的不同身份来确定。如眉毛，男女不同、老少不同、武将和文官不同等。但是，眉毛在靠近鼻梁的一段一般都是向下，而眉梢则稍向上。

　　嘴主要是包括人中、上下嘴唇、嘴角和牙齿等。口裂线位于鼻尖到下巴的1/3处。一般上嘴唇比下嘴唇高而宽，棱角分明，嘴角的大小，牙齿是否外露与人物的表情有关。

　　鼻子在五官的中央，主要由鼻梁、鼻翼和鼻尖组成。其中，鼻尖是人物面部最高的地方。耳朵和下颚是处在同一直线上的，无论怎样都不会变化。耳朵的位置与鼻子位置平齐且长度相当，耳孔在头部的中心点上，耳朵在耳孔后边一点儿。如图9.11所示。

　　人物的发型、装饰物品以及胡须等因人而异，差别较大。

　　1）头部五官

　　青年、老年、美女、小孩。

　　（1）青年的眼、嘴、耳、鼻子

　　青年的眼、嘴、耳、鼻子如图9.15所示。其显得方、直，以显示坚实有力的阳刚之气。

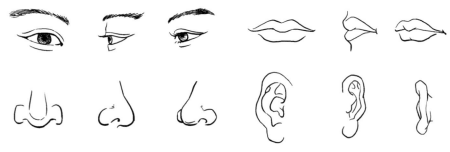

图9.15

　　（2）老人的眼、嘴、耳、鼻子

　　老人的眼、嘴、耳、鼻子如图9.16所示。其眼角、鼻翼和嘴角的皱纹比较突出。

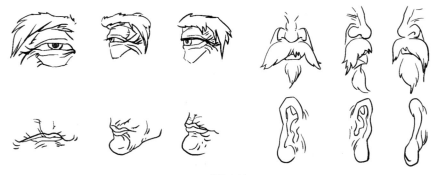

图9.16

　　（3）美女的眼、嘴、耳、鼻子

　　美女的眼、嘴、耳、鼻子如图9.17所示。线条显得细长而清秀，突出其阴柔之美。

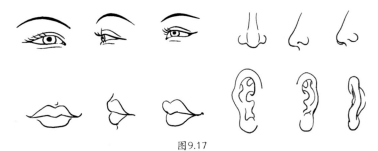

图9.17

（4）小孩的眼、嘴、耳、鼻子

小孩的眼、嘴、耳、鼻子如图9.18所示。其五官间距离较近，显得比较圆润。

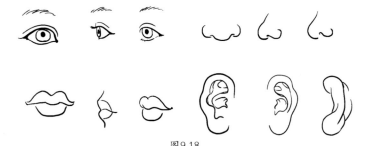

图9.18

2）古代不同人物头部正面、半侧、全侧形象以及帽子和发髻式样

（1）古代青年男性

古代青年男性如图9.19所示。

图9.19

（2）古代老年男性

古代老年男性如图9.20所示。

图9.20

（3）古代男性的帽子和发髻

古代男性的帽子和发髻如图9.21所示。

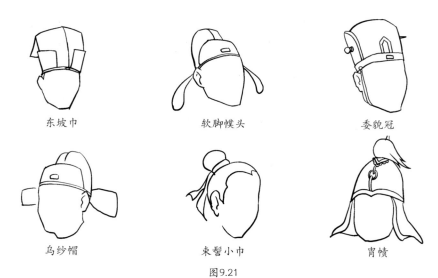

东坡巾　　　　　　　软脚幞头　　　　　　　委貌冠

乌纱帽　　　　　　　束髻小巾　　　　　　　胄帻

图9.21

（4）古代美女头部形象

古代美女头部形象如图9.22所示。

图9.22

（5）古代女性不同种类的发髻形象

古代女性不同种类的发髻形象如图9.23所示。

图9.23

（6）古代小孩子头部形象

古代小孩子头部形象如图9.24所示。

图9.24

9.1.3　不同人物手部的形象结构

在人物类雕刻中，除了人体头部暴露在外边以外，手就应该是暴露在外最多的了。因此，雕刻好手对于雕刻好人物就显得非常重要了。伸开手掌，可以看到其中指占整个手长的一半，拇指指端接近食指的中节，小手指端与无名指的第一关节相齐。从手背看去，中指的长度要超过手长度的一半（现代人与古代人的手是一样的）。

1）青年男性的手

青年男性的手如图9.25所示。青年男性的手有刚硬度，线条方而直。

图9.25

2）老年男性的手

老年男性的手如图9.26所示。老年男性的手干枯、清瘦，皮肤皱纹多。

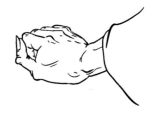

图9.26

3）青年女性的手

青年女性的手如图9.27所示。青年女性的手纤细、柔软、优美，手指关节不太明显。

图9.27

4）小孩子的手

小孩子的手如图9.28所示。小孩子的手有肉感、短粗、线条圆润，手有可爱的感觉。

图9.28

9.1.4　古代人物的服饰和衣纹

古代人物的服饰和衣纹如图9.29～图9.35所示。

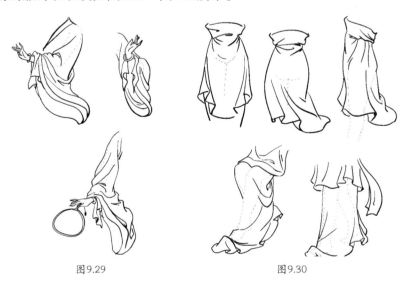

图9.29　　　　　　　　　　图9.30

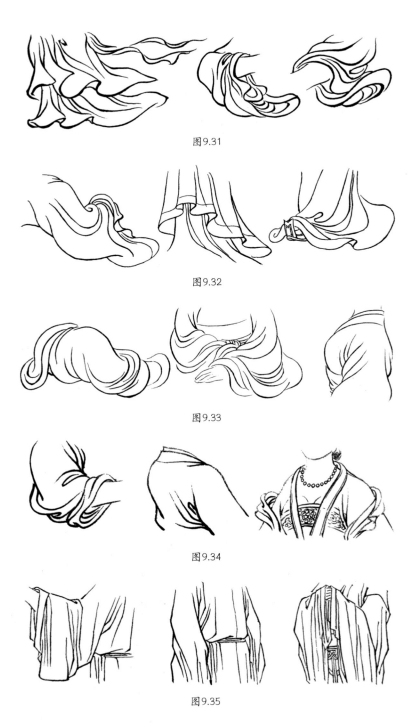

图9.31

图9.32

图9.33

图9.34

图9.35

9.1.5   人物类食品雕刻参考图案

人物类食品雕刻参考图案如图9.36～图9.41所示。

图9.36   图9.37   图9.38

图9.39   图9.40   图9.41

任务2   实用古代女性雕刻实例——仙女

9.2.1   古代女性雕刻相关知识介绍

绝大多数食品雕刻中的女性雕刻题材都是古代的优美传说或神话故事，如"嫦娥奔月""天女散花""麻姑献寿""昭君出寨""贵妃醉酒""貂蝉拜月""西施浣纱""霓裳羽衣舞""桃花飞燕""吹箫引凤"等。还有国外的，如"白雪公主与七个小矮人""卖火柴的小女孩""美人鱼"等。

古代美女身体较窄、削肩，其最宽部位为两个头的宽度，腰宽小于一个头长，从膝部向下雕刻小腿时可以刻意雕刻得稍长一点，肚脐位于腰线以下，乳与脐相距一个头长，肘位于脐线偏上一点。服饰主要以裙、袍、斗篷为主。如图9.42所示。

图9.42 嫦娥奔月

9.2.2 仙女雕刻过程

1）主要原材料

南瓜。

2）主要雕刻工具

主刀、拉刻刀、戳刀、502胶水等。

3）制作步骤

图9.43　仙女头部完成图

（1）雕刻仙女的头部

仙女头部完成图。如图9.43所示。

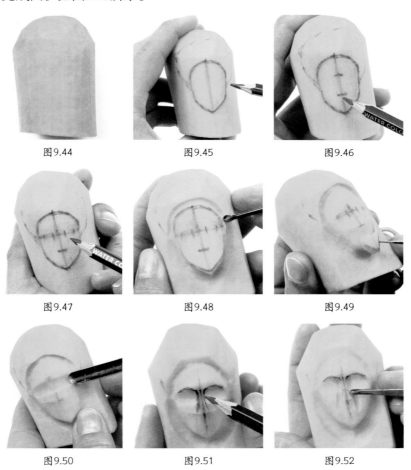

| 图9.44 | 图9.45 | 图9.46 |

| 图9.47 | 图9.48 | 图9.49 |

| 图9.50 | 图9.51 | 图9.52 |

①取一块质地紧实的南瓜原料，修整成上部约大的圆柱形，将大的一端修整圆。如图

9.44所示。

②在原料表面绘出仙女面部、发型的轮廓以及中分线、三停五眼等。如图9.45～图9.47所示。

③用拉刻刀或戳刀把面部的大形雕刻出来。如图9.48所示。

④用主力在鼻尖和下巴之间削刻一刀，使鼻尖高于其他部位。如图9.49所示。

⑤用U形戳刀或U形拉刻刀在眉心与鼻尖1/3处雕刻出眼线的大形。如图9.50所示。

⑥确定眉框、鼻梁的位置，用戳刀或拉刻刀雕刻出鼻梁的大形。如图9.51和图9.52所示。

⑦用拉刻刀雕刻出眼睛的鼓包，用砂纸打磨光滑。如图9.53和图9.54所示。

⑧在鼻尖处切一刀，用拉刻刀雕刻出鼻尖、鼻翼和鼻孔。如图9.55和图9.56所示。

⑨用主刀在鼻尖与下巴1/3处雕刻出嘴裂线，用拉刻刀雕刻出上下嘴唇。如图9.57和图9.58所示。

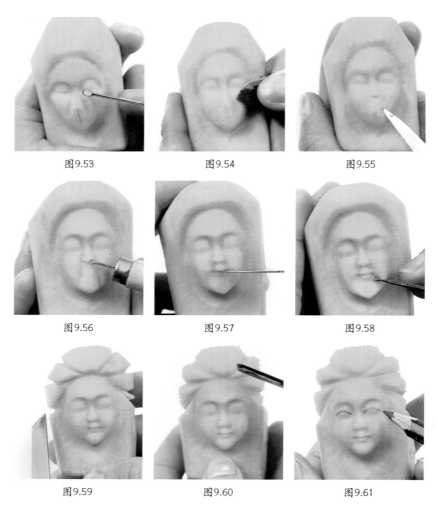

图9.53 　　　　　　　　图9.54 　　　　　　　　图9.55

图9.56 　　　　　　　　图9.57 　　　　　　　　图9.58

图9.59 　　　　　　　　图9.60 　　　　　　　　图9.61

图9.62　　　　　　　　　　　图9.63　　　　　　　　　　　图9.64

⑩用V形戳刀雕刻出发型的大形，并戳出发丝。如图9.59和图9.60所示。

⑪确定双眼的位置，用主刀把眼睛雕刻出来。如图9.61～图9.63所示。

⑫把脸颊旁边的料去掉，使其五官突出来，并粘接上另雕刻的耳发、耳坠、头花、发卷、风簪等。如图9.64所示。

（2）仙女身体躯干部分的雕刻

图9.65　　　　　　　　图9.66　　　　　　　　图9.67　　　　　　　　图9.68

①将雕刻好的头部按要求粘接在雕刻身体躯干的原料上。如图9.65所示。

②在原料上按比例画出身体的大形图案。如图9.66所示。

③雕刻出身体的大形，并粘接上双手。如图9.67所示。

④雕刻出脖颈和衣领。如图9.68所示。

图9.69　　　　　　　　图9.70　　　　　　　　图9.71　　　　　　　　图9.72

图9.73 长翅膀的仙女

⑤先雕刻出衣服的大形，然后雕刻出衣服上的衣纹和褶皱。如图9.69所示。

⑥确定裙摆上的衣纹和褶皱大形，并雕刻出来。如图9.70～图9.72所示。

⑦雕刻出双手，并将雕刻好的仙女脚下的原料用主刀雕刻出祥云。如图9.72所示。

⑧另取南瓜原料雕刻鸟翅膀一对，粘接在仙女的肩膀后边。组装完成作品。如图9.73所示。

9.2.3 仙女雕刻成品要求

①作品整体神态饱满、端庄、沉稳。比例恰当，形象生动。

②刀法和雕刻手法娴熟，作品完整而少刀痕，无破皮现象出现。

③在细节的处理上详略得当，重点突出。

9.2.4 仙女雕刻要领和注意事项

①雕刻前，对古代美女的形态特征、特点以及服饰等要熟悉。

②准确把握女性的结构比例，要符合我国古代对美女的审美要求。

③雕刻过程中要做到详略得当，重点部位要精雕细刻，比如头部的雕刻。

④服饰的雕刻可以简单一点，但是要表现出轻薄、随风舞动的感觉。

⑤女性的身材可以偏瘦、偏长，但是绝对不能偏短。

⑥在刀具的使用上，主要是用戳刀和拉刻刀，这样可以减少刀痕和破皮的现象发生。

⑦雕刻过程中，要善于使用砂纸进行打磨，最好是选用细一点的砂纸。

⑧多采用零雕整装的方法进行雕刻，这样雕刻难度相对较低，但是效果仍然很好。

9.2.5　仙女类雕刻作品的应用

①主要是作为雕刻看盘使用，用于招待、公益、升学等主题的宴会中。

②作为雕刻展台使用。如图9.74～图9.76所示。

图9.74

图9.75

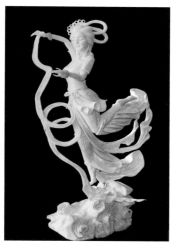

图9.76

9.2.6　仙女雕刻知识的延伸

1）衣服飘带的雕刻

衣服飘带的雕刻。如图9.77～图9.84所示。

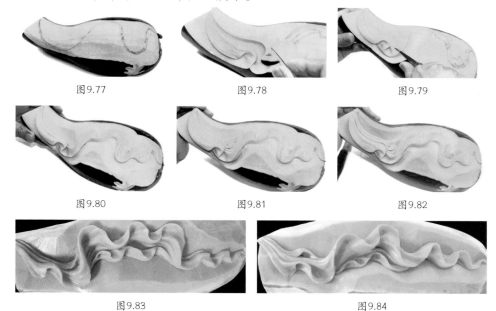

图9.77　　　　　　　图9.78　　　　　　　图9.79

图9.80　　　　　　　图9.81　　　　　　　图9.82

图9.83　　　　　　　　　　图9.84

2）古代美女雕刻知识在现代人物雕刻中的运用

古代美女雕刻知识在现代人物雕刻中的运用。如图9.85和图9.86所示。

图9.85   图9.86

思考与练习

1.古代对美女的审美标准主要有哪些？

2.熟记古代人物绘画口诀。

任务3 实用人物类雕刻实例——寿星

图9.87   图9.88

9.3.1 寿星相关知识介绍

寿星是中国神话中的长寿之神，原为福、禄、寿三星之一，又称南极老人星。明朝小说《西游记》中谈到，寿星"手捧灵芝"，长头大耳短身躯，《警世通言》有"福、禄、寿三星度世"的神话故事。古人将寿星比作长寿老人的象征，常衬托以鹿、鹤、仙桃等，象征长寿。

福、禄、寿三星中的寿星老人，一身平民装扮，慈眉善目，和蔼可亲。但在古代，寿星老人曾经是地位崇高的威严星官。现在的寿星老人形象，已从一位威严的星官演变成和蔼可亲的世俗神仙。寿星形象也发生了相应的改变，最突出的改变要数寿星老人硕大无比的脑门儿。寿星老人的大脑门儿，与古代养生术所营造的长寿意象紧密相关。比如，丹顶鹤的头部就高高隆起；再如，寿桃是王母娘娘蟠桃会上特供的长寿仙果，传说是三千年一开花，三千年一结果，食用后立刻成仙长生不老。或许因为种种长寿意象融合叠加，最终造就了寿星的大脑门儿。

福、禄、寿三星，起源于远古的星辰自然崇拜，古人按照自己的意愿，赋予他们非凡的神性和独特的人格魅力，在民间的影响力很大。人们常用"福如东海，寿比南山"祝愿长辈幸福长寿。道教创造了福、禄、寿三星形象，迎合了人们的这一心愿，"三星高照"就成了一句吉利语。如图9.89所示。

图9.89 寿比南山

9.3.2 寿星雕刻过程（零雕整装）

1）主要原料

南瓜。

2）主要雕刻工具

主刀、拉刻刀、戳刀、502胶水等。

3）制作步骤

（1）寿星头部的雕刻

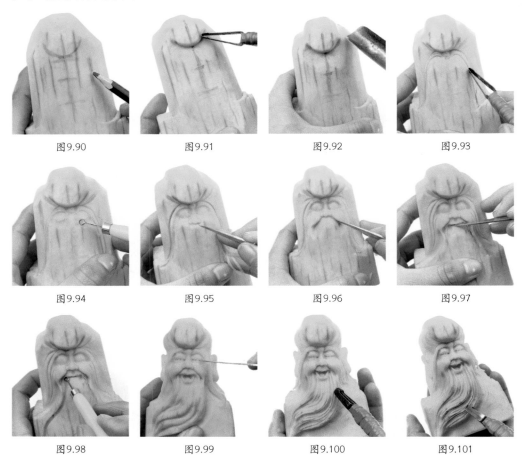

| 图9.90 | 图9.91 | 图9.92 | 图9.93 |

| 图9.94 | 图9.95 | 图9.96 | 图9.97 |

| 图9.98 | 图9.99 | 图9.100 | 图9.101 |

①取一段质地紧实的南瓜原料，修整成上部略大的圆柱形，在原料上画出寿星的脑门、中分线、三停五眼等。如图9.90所示。

②用拉刻刀和U形戳刀雕刻出寿星头部的大形。如图9.91和图9.92所示。

③用小号拉刻刀雕刻出寿星的长眉毛和眼眶的大形。如图9.93和图9.94所示。

④用主刀雕刻出寿星的鼻子和上嘴部。如图9.95～图9.98所示。

⑤用主刀雕刻出寿星的眼睛和下嘴。如图9.99所示。

⑥用拉线刀雕刻出寿星的胡子大形，并刻出发丝。如图9.100和图9.101所示。

⑦雕刻出寿星的耳朵，并把脸颊旁边的料去掉，使其五官突出来。

（2）雕刻寿星的躯干和四肢以及龙头拐杖、葫芦、寿桃、仙鹤、祥云假山等，并组装成型

图9.102	图9.103	图9.104
图9.105	图9.106	图9.107

①将雕刻好的头部按要求粘接在雕刻躯干的原料上边。如图9.102所示。

②按比例和要求在原料上粘接两块原料，用作雕刻寿星的上肢部分。如图9.103所示。

③雕刻出身体的大形。如图9.104所示。

④雕刻出脖颈和衣领，并雕刻出衣服上的衣纹和褶皱。如图9.105和图9.106所示。

⑤另取原料雕刻出龙头拐杖、葫芦、寿桃、仙鹤、祥云假山等配件，并组装成型。如图9.107所示。

9.3.3 寿星雕刻过程（整雕）

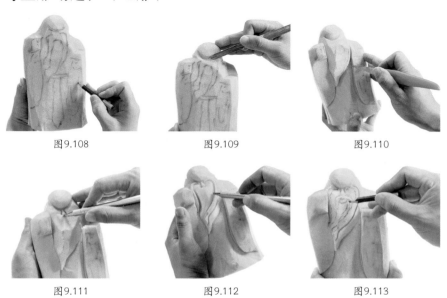

图9.108	图9.109	图9.110
图9.111	图9.112	图9.113

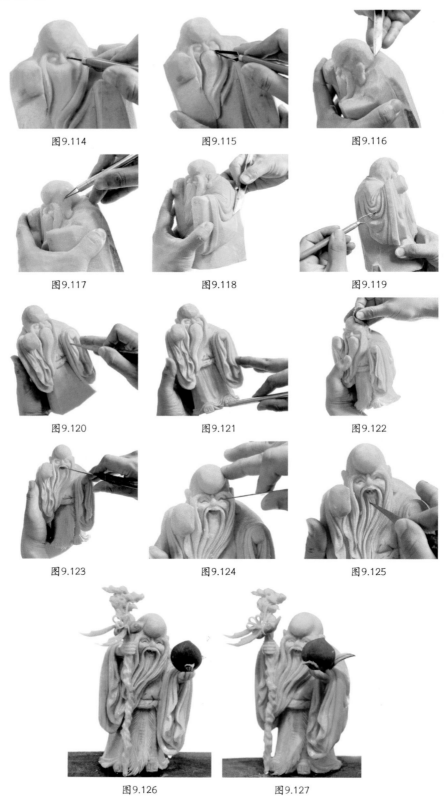

图9.114   图9.115   图9.116

图9.117   图9.118   图9.119

图9.120   图9.121   图9.122

图9.123   图9.124   图9.125

图9.126   图9.127

①确定所雕刻寿星的整体姿态，并用笔在原料上画出整体大形。如图9.108所示。

②用V形戳刀或拉刻刀雕刻出寿星的大脑门、须眉以及衣袍的大形。如图9.109和图9.110所示。

③用拉刻刀雕刻出寿星的鼻子和长眉毛的大形，并用小号U形刀雕刻出鼻尖和鼻翼。如图9.111和图9.112所示。

④在已经雕刻好的面部上确定五官的形状和位置，最好用笔画出来。如图9.113所示。

⑤用小号拉刻刀雕刻出寿星比较凸出的眼睛。如图9.114所示。

⑥用拉刻刀或V形戳刀雕刻出头部与躯干连接处的衣领大形。如图9.116所示。

⑦用画线刀雕刻出寿星的胡须大形。如图9.115所示。

⑧用V形戳刀和拉刻刀雕刻出寿星耳朵、衣纹等。如图9.116～图1.121所示。

⑨用砂纸将雕刻好的部分打磨光滑，并用主刀雕刻出寿星的嘴巴和眼睛。如图9.122～图9.124所示。

⑩用主刀雕刻出寿星的须发、龙头拐杖、葫芦等部件，并组装成型。如图9.125～图9.127所示。

9.3.4 寿星雕刻成品要求

①作品整体形象生动，比例恰当，神态饱满、端庄、和蔼可亲。

②寿星脑门大而突出，慈眉善目，长眉、长须、笑容可掬。

③雕刻刀法和雕刻手法娴熟，作品完整，少刀痕。

④在细节的处理上，做到详略得当，重点突出。

9.3.5 寿星雕刻的要领和注意事项

①雕刻前，对寿星的形态特征、特点以及服饰等要熟悉。

②雕刻过程中，准确把握寿星矮、粗、胖的形态特征。

③雕刻过程中，要做到详略得当，重点部位精雕细刻。

④寿星服饰的雕刻可以简单一点，要显得比较宽大。

⑤雕刻过程中，在刀具的使用上，主要是用戳刀和拉刻刀，这样可以减少刀痕和破皮现象的发生。

⑥寿星雕刻多采用零雕整装的方法进行雕刻，这样雕刻难度相对较低，但是效果很好。

9.3.6 寿星类雕刻作品的应用

①主要是作为雕刻看盘使用，适用于给老人祝寿等主题的宴会中。

②作为主题雕刻展台使用。

9.3.7 寿星雕刻知识的延伸

1）食品雕刻中不同雕刻风格的寿星造型

食品雕刻中不同雕刻风格的寿星造型。如图9.128～图9.130所示。

图9.128   图9.129   图9.130

2）寿星雕刻知识在老翁雕刻制作中的运用

寿星雕刻知识在老翁雕刻制作中的运用如图9.131和图9.132所示。

图9.131 南极仙翁

图9.132　渔翁得利

3）寿星雕刻知识在其他人物雕刻中的运用

寿星雕刻知识在其他人物雕刻中的运用如图9.133所示。

图9.133　独占鳌头

 思考与练习

1. 食品雕刻中的寿星有哪些主要的特征和特点？在雕刻中是如何处理的？
2. 尝试雕刻渔翁、弥勒等人物。

实用盘饰制作

图10.1

图10.2

任务1 盘饰制作的基础知识

10.1.1 盘饰的概念和作用

盘饰是指对菜肴盘边的装饰，也称盘头、围边、镶边等，就是把蔬菜、水果等食物原料切成或雕成一定形状后摆放在菜肴周围或中间，或是对盛装菜点的餐具进行装饰和美化，利用其造型与色彩对菜肴进行装饰、点缀的一种方法。

盘饰是食品雕刻具体应用的一部分，在菜点制作中应用非常普遍，在现代餐饮中有着独特的地位，发挥着重要的作用。盘饰不仅能够起到美化菜品、提升菜点色、形和档次的作用，还能增强食欲、营造情趣和烘托气氛，给食客美的艺术享受，是烹饪技术中必不可少的技能。

图10.3

图10.4

10.1.2 盘饰的种类

根据制作盘饰时所用的原材料，可以把盘饰分为6大类，即奶油果酱类盘饰、水果类盘饰、蔬菜类盘饰、鲜花类盘饰、休闲食品类盘饰和糖艺、面塑类盘饰。但在盘饰实际的应用中，往往是各类盘饰的综合运用。

1）奶油、果酱类盘饰

其主要原料是奶油、巧克力酱和各色果酱，辅助原料有水果。制作时，先将各色原料装入裱花袋，然后在盘子上裱画出具有一定造型的图案或线条，还可与水果等搭配组合。这类盘饰制作方法简单、快速，色彩鲜艳，其成品具有奶油、果酱等的芳香味道，具有高雅、简练、干净、亮丽之感。如图10.7所示。此外，还可以通过文字和卡通造型来表现盘饰。

2）水果类盘饰

其主要原材料是各类可食用的水果。制作时，先将各类水果进行简单的刀工处理或雕刻，然后在盘子上进行组合造型。特别是利用水果皮进行切、划、折、卷等造型时，往往有一种抽象美的艺术效果。水果类盘饰的特点是：切配简单，颜色自然鲜艳，不用色素，可食性强，成品还具有水果的诱人香味和色泽。如图10.3所示。

3）蔬菜类盘饰

其主要原材料是可食用的蔬菜。制作时，先将各类蔬菜进行简单的刀工处理或是雕刻，然后在盘子上进行组合造型。蔬菜类盘饰的特点是：原材料丰富，颜色多为绿色，自然鲜艳。还可以制作一些比较精致的，能体现一定技术水平的立体盘饰。蔬菜类盘饰是应用最多的一类盘饰。如图10.4所示。

4）鲜花类盘饰

主要原材料有：小型鲜花和叶茎类花草。鲜花类盘饰的特点是：制作方法简单、实用，可以随用随摆，具有艺术感，给人温馨、喜悦的感觉。如图10.5所示。

5）休闲食品类盘饰

主要原料是各种各样、品种众多的休闲食品。制作时，将各种不同形状、不同颜色、不同品种的休闲食品进行搭配组合，从而产生一种独特的装饰美化效果。如图10.8所示。

6）糖艺、面塑类盘饰

糖艺和面塑用于菜点的装饰是非常好的一种造型手段，是一种可食性和艺术性相结合的食品或食品装饰插件的加工工艺。糖艺、面塑制品色彩丰富绚丽，三维效果清晰，是面点行业中最奢华的展示品或装饰原料。这类装饰具有高雅、抽象、简练、干净、亮丽的浪漫艺术之感。如图10.6所示。

图10.5

图10.6

图10.7

图10.8

10.1.3　盘饰应用的方式和方法

1）中心装饰点缀法

中心点缀法是在盛器的中间部位进行装饰点缀的方法，是将装饰材料做成花卉或其他形状，对菜肴进行装饰、美化。中心装饰点缀法能将散乱的菜肴通过有计划地摆放与盘中心的装饰统一协调起来，使菜点的色、形更加漂亮、美观。如图10.9所示。

2）隔断式装饰点缀法

隔断式装饰点缀法是利用加工成型的装饰料将盛器分隔为几个相对独立的空间的一种装饰点缀方法。这种装饰点缀方法特别适宜两种或两种以上口味的菜点的装饰点缀，可以防止菜点之间互相串味，保持各自的风味特色。如图10.10所示。

3）边角装饰点缀法

在盛器的一边或一角进行点缀，以装饰、美化菜点，使其色、形更加美观，提高菜肴的品位和档次。这类点缀方法使用得非常多，范围也非常广。边角装饰点缀法的突出特点是：简洁、明快、易做，菜肴重心突出，能弥补盘边的局部空缺，有时还能创造一种意境、情趣。常见的雕刻作品对菜肴的装饰多属于边角装饰点缀法。如图10.11所示。

4）围边装饰点缀法

围边装饰点缀法是在盛器的边缘，用经过加工成形的装饰料，在盛器四周围成各种几何形和物体象形的装饰点缀方法。常用的几何形有：圆形、心形、椭圆形、方形、五边形等；常用的物体象形有：鱼形、灯笼形、扇面形、花篮形等。包围的形式有：全围式、半围式和点围式。这种方法适用于形状比较规正的盛器的装饰围边，围出的菜肴要比用其他方法装饰点缀得更整齐、美观，但刀工要求也较严格。如图10.12所示。

图10.9   图10.10

图10.11   图10.12

10.1.4　盘饰制作和应用中的要领和注意事项

1）菜点的装饰要遵循以食用为主，美化为辅的原则

虽然菜肴装饰美化很重要，但它毕竟是菜肴的一种外在包装美化手段，决定其食用价值的还是菜肴本身。因此，切不可单纯为了装饰得好看而颠倒主次关系，使菜肴成为中看不中吃的花架子。

2）根据菜点的实际需要进行装饰和点缀，不能失去菜点原有的美观，画蛇添足

菜点成菜装盘后，在色形上已经具有比较完美的整体效果了，就不要再用过多地装饰和点缀。如果菜点在成菜装盘后的色、形尚有不足，就需要对菜点进行装饰和点缀。

3）雕刻作品用于菜点装饰和点缀时，形体不要过大

在盘子中，通常情况下，雕刻作品用于菜点装饰、点缀所占位置的比例为：热菜不超过1/3，冷菜不超过1/5，高度不超过15厘米，否则容易主次不分，喧宾夺主。太大、太高的装饰反而使菜点的整体效果不协调，不美观。

4）装饰和点缀菜点时要注意卫生安全

装饰点缀是菜点制作好后的一种包装美化手段，同时又是传播污染的途径之一。用于装饰和点缀菜点的装饰物一定要进行洗涤消毒处理，在制作的每个环节中都应注意卫生，无论是个人卫生还是餐具、刀具卫生都不可忽视。

制作盘饰时，尽量不用或少用色素。在菜点装饰、点缀时，装饰物应尽量避免与食用原料直接接触，防止"生熟不分"。装饰物品中，绝对不能含有毒、有害物质，如502胶水、铁钉、化学颜料、塑料泡沫等。

5）菜点装饰和点缀时，要尽量体现出装饰物的食用性

实质上，因为用于制作盘饰的装饰物能够食用，方便进餐，而不只是做摆设，所以，以食用的小件熟料、菜肴、点心、水果作为装饰物美化菜肴的方法值得推广。

6）对菜点的装饰美化忌繁杂

菜肴的装饰美化不应有喧宾夺主之势，不能搞很复杂的构图，也不能过分地雕饰。因此，盘饰制作应该突出简单、明了、清爽、制作快速的特点。

7）盘饰和菜点在内容和形式上要做到协调一致

内容决定形式，形式必须适应内容。装饰内容与菜肴的整体意境、色泽、内容、盛器必须协调一致，从而使整个菜肴在色、香、味、形诸方面趋于完整，并形成统一的艺术体。其次，筵席菜肴的美化还要结合筵席的主题、规格、客人的喜好与忌讳等因素。

8）盘饰制作要有针对性

根据宴席的性质、形式和自己的艺术手法创作和设计盘饰，从而使盘饰既具有装饰性，又具有知识性和趣味性。如谈判、聚会、生日、节庆、婚礼等宴席，盘饰表现的内容各有不同。

9）盘饰在设计和制作时一定要突出其实用性

制作盘饰的目的不是让客人欣赏盘饰，制作盘饰最终是为菜点服务的。因此，盘饰制作时不能仅仅考虑盘饰本身的美观好看，还应该考虑到盘饰与菜点结合后的整体效果。不能出现单独欣赏盘饰时效果好，装上菜点后反而不协调、不美观的情况，也就是我们常说的中看不中用。

图10.13

图10.14

10）设计和制作盘饰应从菜点的颜色、形状、口味、主辅料以及意境等方面考虑入手

这是盘饰设计、制作的关键要领。比如：

①菜点的颜色为冷色，盘饰的颜色宜暖色；反之，则为冷色。如图10.13所示。

冷色原料：黄瓜、青笋、蔬菜叶、法香、白萝卜、青椒、蒜薹、绿花菜、碗豆荚、大葱、藕、芹菜、香菜、冬瓜、花草类等。

暖色原料：番茄、胡萝卜、南瓜、红椒、火腿肠、大多数的水果等。

②菜点的形状如是丝、丁、颗粒、末状等宜采用围边装饰点缀法，可以使散乱的菜点变得整齐好看。如果是大块或整件的菜点，可以采用中心装饰点缀法。如果是整形的菜肴，可以采用边角装饰点缀法。如图10.14所示。

③菜肴的主要原料如果是鱼、虾，盘饰设计时，可以考虑从与之相关的方面入手，以此类推。如图10.17所示。

④如果菜肴制作成型后像一朵花，那么，盘饰设计时，可以考虑从与花相关的方面入手。如花叶、草虫、禽鸟等，以此类推。如图10.16所示。

⑤菜肴制作好后有些是有一定的意境的，那么，盘饰设计时，可以考虑从与之相关的方面入手。如图10.15所示。

⑥菜点的口味是咸的，一般可以采用蔬菜、花草来制作盘饰。如果菜点的口味是甜的，则可以采用水果、糖艺等来装饰点缀。这样可以防止相互间串味。如图10.18所示。

图10.15   图10.16

图10.17   图10.18

任务2 盘饰制作实例

10.2.1 传统果蔬小雕盘饰鉴赏

传统果蔬小雕盘饰如图10.19～图10.84所示。

图10.19   图10.20   图10.21

图10.22

图10.23

图10.24

图10.25

图10.26

图10.27

图10.28

图10.29

图10.30

图10.31

图10.32

图10.33

图10.34

图10.35

图10.36

图10.37

图10.38

图10.39

图10.40

图10.41

图10.42

图10.43

图10.44

图10.45

图10.46

图10.47

图10.48

图10.49

图10.50

图10.51

图10.52

图10.53

图10.54

图10.55

图10.56

图10.57

图10.58

图10.59

图10.60

图10.61

图10.62

图10.63

图10.64

图10.65

图10.66

图10.67

图10.68

图10.69

图10.70

图10.71

图10.72

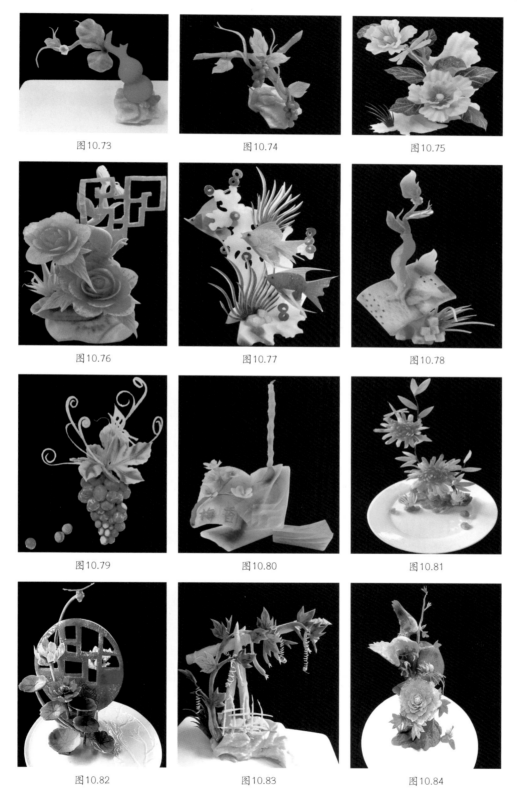

图10.73

图10.74

图10.75

图10.76

图10.77

图10.78

图10.79

图10.80

图10.81

图10.82

图10.83

图10.84

10.2.2　时尚意境类盘饰

时尚意境类盘饰如图10.85～图10.108所示。

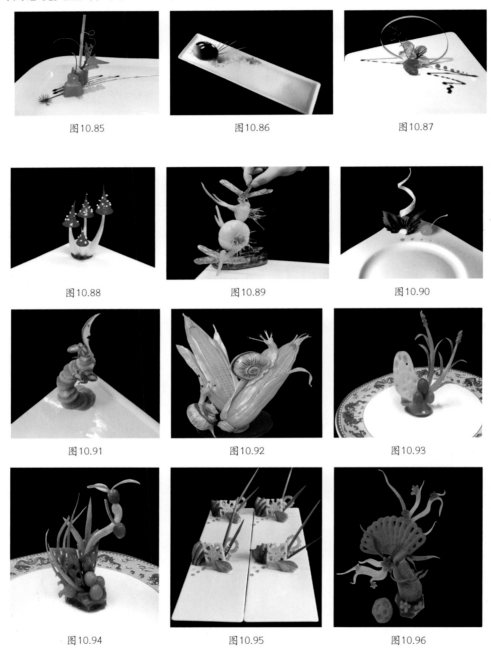

图10.85　　　　　　　图10.86　　　　　　　图10.87

图10.88　　　　　　　图10.89　　　　　　　图10.90

图10.91　　　　　　　图10.92　　　　　　　图10.93

图10.94　　　　　　　图10.95　　　　　　　图10.96

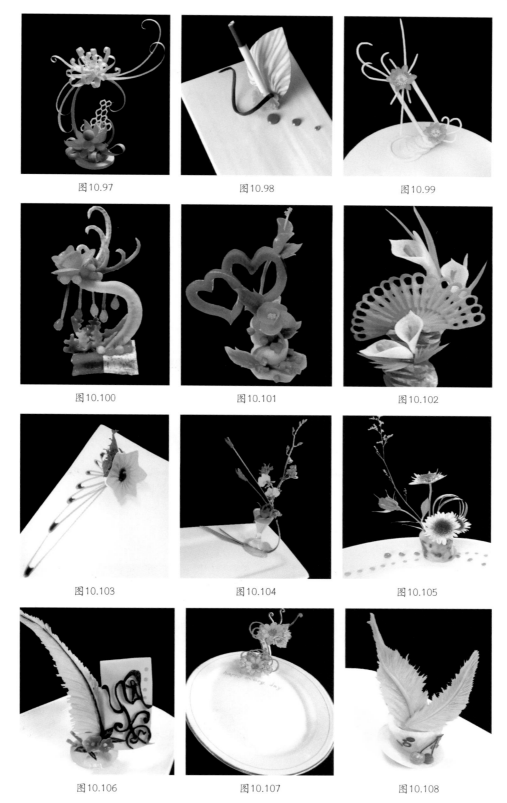

图10.97

图10.98

图10.99

图10.100

图10.101

图10.102

图10.103

图10.104

图10.105

图10.106

图10.107

图10.108

10.2.3 拼摆类盘饰

拼摆类盘饰如图10.109～图10.114所示。

图10.109

图10.110

图10.111

图10.112

图10.113

图10.114

10.2.4 盘饰与菜点结合实例鉴赏

盘饰与菜点结合实例如图10.115～图10.183所示。

图10.115

图10.116

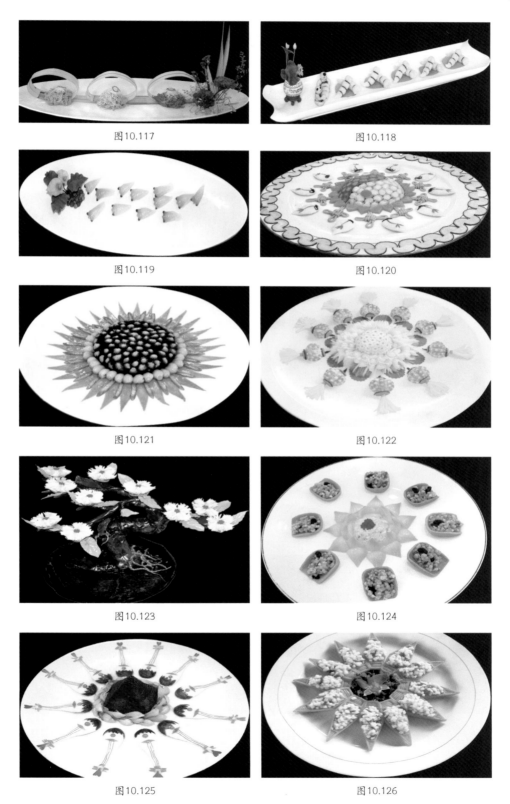

图10.117

图10.118

图10.119

图10.120

图10.121

图10.122

图10.123

图10.124

图10.125

图10.126

图10.127

图10.128

图10.129

图10.130

图10.131

图10.132

图10.133

图10.134

图10.135

图10.136

图10.137

图10.138

图10.139

图10.140

图10.141

图10.142

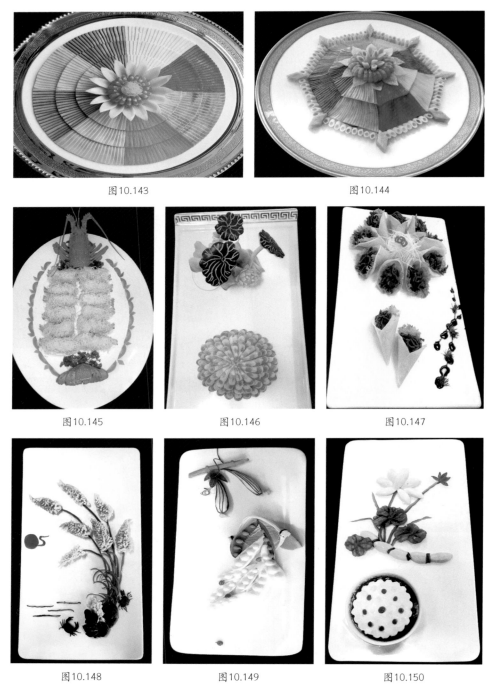

图10.143

图10.144

图10.145

图10.146

图10.147

图10.148

图10.149

图10.150

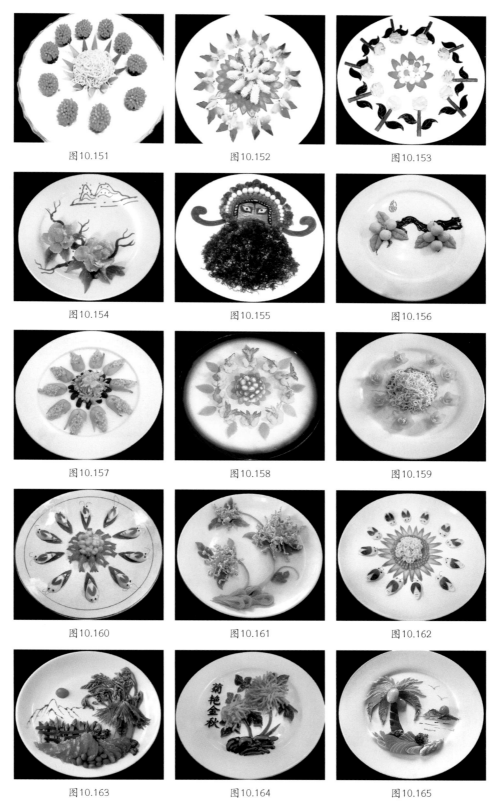

图10.151　　　　　　　　　　图10.152　　　　　　　　　　图10.153

图10.154　　　　　　　　　　图10.155　　　　　　　　　　图10.156

图10.157　　　　　　　　　　图10.158　　　　　　　　　　图10.159

图10.160　　　　　　　　　　图10.161　　　　　　　　　　图10.162

图10.163　　　　　　　　　　图10.164　　　　　　　　　　图10.165

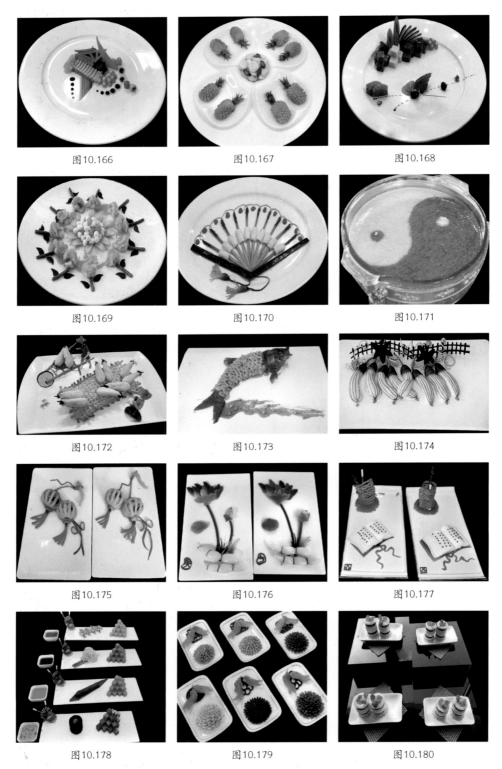

图10.166　　　　　　图10.167　　　　　　图10.168

图10.169　　　　　　图10.170　　　　　　图10.171

图10.172　　　　　　图10.173　　　　　　图10.174

图10.175　　　　　　图10.176　　　　　　图10.177

图10.178　　　　　　图10.179　　　　　　图10.180

图10.181

图10.182

图10.183

1.制作盘饰时，有哪些注意事项？
2.盘饰运用中，有哪些注意事项？

实用水果拼盘制作

图11.1　　　　　　　　　　　　　　　图11.2

　　水果是指部分可以食用的，多汁且有甜味的植物果实或植物其他部位的统称。水果是大自然赐予我们的美食，水果品种多，产地广，四季均有，风味各异。水果中含有丰富的、易被人消化吸收的营养物质，还能够帮助消化。水果果形漂亮，色彩艳丽，香味诱人，口味甘美爽口，受到男女老少的喜爱。水果也是重要的烹饪原材料，既可以作主料使用，又可以作配料，还能用于调味，用途非常广泛。

任务1　水果拼盘制作的基础知识

11.1.1　水果拼盘的概念和特点

　　水果拼盘就是将多种时令水果，用各种刀工处理成便于食用且美观的形状，然后用拼盘的形式组合、拼摆在盛器中，具有食用性和观赏性。水果拼盘是水果食用模式上的进步，它改变了单一水果品种上席的传统吃法。其主要特点有：

1）风味多样

水果拼盘中的水果种类较多，每种水果的口感、质感、色彩、形态、营养等也不相同，如果搭配恰当，将能满足不同消费者的爱好需求，在营养上也能做到互补、均衡。

2）色彩鲜艳

水果原料本身的色彩非常鲜艳、丰富。如果把这么多色彩巧妙地搭配在一起，会让人心情舒畅，食欲大增。

3）形态美观

制作水果拼盘时，水果一般要先经过刀工的艺术处理，再拼摆造型。这样既有食用性，又有观赏性，可以起到增添食趣、营造宴席气氛的作用。

4）食用方便

水果拼盘中的水果都是经过清洗消毒、削皮剖切的，并制作成片、块、条、球等便于食用的形状，可以直接食用，方便卫生。

5）工艺简易、快捷

水果拼盘的制作刀法、手法比较简单，水果基本上以生吃为主，制作过程快。

6）用途广泛

由于水果拼盘的制作难度不大，因此大到国宴、小到家庭均可以使用。

11.1.2　水果拼盘制作的要求及要领

①水果拼盘制作应有专门的操作间。水果比较容易染上异味，这要求制作水果拼盘的工具必须是专用的，如刀具、案板、毛巾、手套等。

②特别要注意水果拼盘的卫生安全，防止水果受到污染，引起食物中毒。

③水果新鲜无变质，在加工前必须消毒清洗。水果的水分和糖分都比较高，因此很容易变质。

④水果拼盘应现做现用，以保证水果的新鲜。

⑤水果在搭配拼摆时，可以带皮食用的，要避免和带皮不能食用的水果直接接触。

⑥水果刀工处理后的形状大小、厚薄、长短等要便于食用。

⑦水果拼盘的造型以写意为主，形象不必太写实，整体上要求美观清爽，色彩鲜艳，避免杂乱无章，眼花缭乱。

⑧水果拼盘造型不宜太过复杂，制作力求方便快捷，不要将水果原料长时间拿在手中切削和摆弄造型。

⑨制作水果拼盘时，选料应从水果的色彩、质地、形状、口味、营养价值等多方面进行考虑，水果搭配应协调。同时，注意制作拼盘的水果不能太熟，否则会影响加工水果的造型。

⑩水果颜色的搭配应合理协调。水果颜色的搭配一般有："对比色"搭配（几种水果的颜色对比明显、强烈），"相近色"搭配（几种水果的颜色对比柔和、相近），"多色"搭配（多种水果的不同颜色搭配）3种。在日常工作中，多采用"对比色"搭配和"多色"搭配两种。

⑪水果拼盘选择的盛器应符合整体美感，并能衬托主体造型。水果的形状可分自然造型（即水果的自然形状，如樱桃）和加工造型（根据需要将水果切雕成各种形状，如圆

片、方块等造型）。整盘水果的造型要用盛器来辅助。不同的艺术造型要选择不同形状、规格的盛器。

11.1.3 水果拼盘的常用刀具

1）切刀

切刀是水果拼盘的主要刀具。

2）刻刀

主要用于雕刻一些小部件。

3）U形戳刀

U形戳刀也称"圆口戳刀"。U形戳刀有大、中、小等型号。

4）V形戳刀

V形戳刀也称"三角戳刀"。V形戳刀有大、中、小等型号。

5）镊子

主要是代替手，用于夹取小件原料等。

任务2 常用水果原料的艺术加工

11.2.1 西 瓜

1）西瓜刀工造型（1）

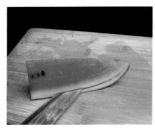  

图11.3　　　　　　　　　图11.4　　　　　　　　　图11.5

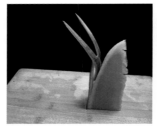 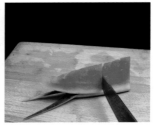

图11.6　　　　　　　　　图11.7

①取一块三角形的西瓜，将西瓜的皮与肉瓤分离，在西瓜皮两侧各划一刀，尾部不分开。如图11.3和图11.4所示。

②将划好的西瓜皮回折，将西瓜肉瓤划成距离均等的连刀块。如图11.5～图11.7所示。

2）西瓜刀工造型（2）

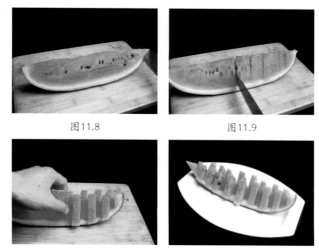

图11.8　　　　　　　　　　　图11.9

图11.10　　　　　　　　　　图11.11

①取月牙形西瓜，将西瓜的皮与肉瓤分离。如图11.8所示。

②先将西瓜肉瓤均匀地切成块，然后将西瓜块推出均匀错落的造型即可。如图11.9～图11.11所示。

3）西瓜刀工造型（3）

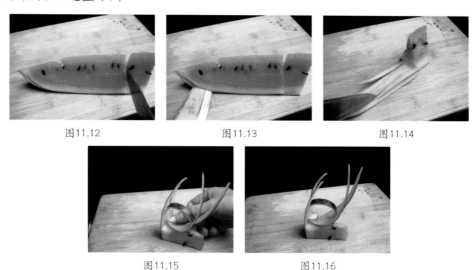

图11.12　　　　　　　图11.13　　　　　　　图11.14

图11.15　　　　　　　　　图11.16

①在西瓜块的底部切一刀，先将西瓜的皮与肉瓤分离，再将西瓜肉瓤取出，但要留下小部分瓜瓤。如图11.12和图11.13所示。

②在西瓜皮上均匀地划出不同的线条，然后翻卷，最后用牙签固定造型。如图11.14～图11.16所示。

4）西瓜刀工造型（4）

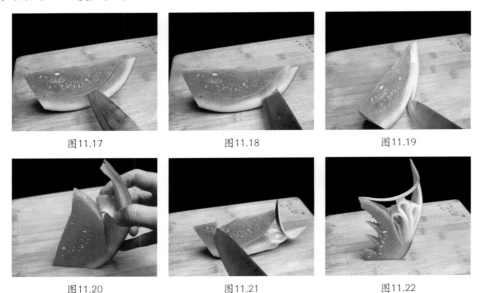

图11.17　　　　　　　　图11.18　　　　　　　　图11.19

图11.20　　　　　　　　图11.21　　　　　　　　图11.22

①西瓜的部分皮与肉瓤分离，将分离的西瓜皮片成几片。如图11.17和图11.18所示。

②在最外侧的西瓜皮上划出一根线条。如图11.19所示。

③先将片好的西瓜皮造型，然后将肉瓤切成锯齿形，再将西瓜线条回折即成。如图11.20～图11.22所示。

5）西瓜刀工造型（5）

取一片三角形的西瓜皮，在其一侧划出多个线条，将西瓜皮两头内折，用牙签固定即成。如图11.23～图11.26所示。

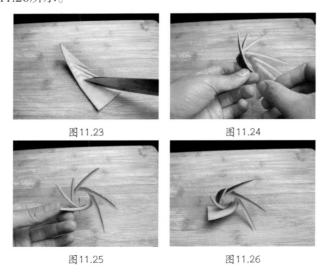

图11.23　　　　　　　　图11.24

图11.25　　　　　　　　图11.26

11.2.2　香　蕉

1）香蕉刀工造型（1）

在香蕉一头划上5刀，分出4片香蕉皮并朝另一头回折，用牙签固定，在牙签头按上小片圣女果，将香蕉肉瓤均匀切成块。如图11.27～图11.30所示。

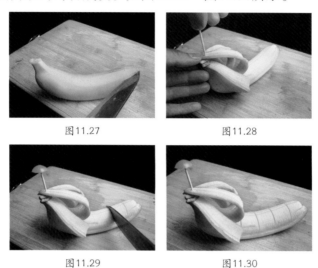

图11.27　　　　　　　　　　图11.28

图11.29　　　　　　　　　　图11.30

2）香蕉刀工造型（2）

取一段香蕉，在其中间部分划出5等份，将其分开，形成五角香蕉花形。如图11.31～图11.33所示。

图11.31　　　　　　　图11.32　　　　　　　图11.33

11.2.3　苹　果

1）苹果刀工造型（1）

将苹果分成4等份，取其一部分切成V形片。用同样的方法切出多层，将切好的形片均匀推出呈阶梯状。如图11.34～图11.37所示。

图11.34　　　　　　　　　　图11.35

图11.36   图11.37

2）苹果刀工造型（2）

将苹果分4等份，在其中一部分皮上划出W形线条，将皮与肉瓢分离，取走划断的W形苹果皮即成。如图11.38～图11.42所示。

图11.38   图11.39   图11.40

图11.41   图11.42

11.2.4 橙 子

用刀将橙子均匀地切出六瓣月牙块形的橙子块，用水果刀将橙子皮片到底部。在分离出来的橙子皮两侧各划一刀，将橙子皮折成形即成。如图11.43～图11.46所示。

图11.43   图11.44

图11.45   图11.46

11.2.5 哈密瓜

取一块三角形的网纹瓜,用水果刀将其皮片到底部,在分离出来的瓜皮两侧各划一刀。取出V形瓜皮,插在三角形的网纹瓜上即成。如图11.47～图11.51所示。

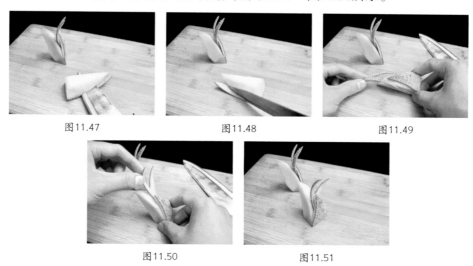

图11.47　　　　　　　图11.48　　　　　　　图11.49

图11.50　　　　　　　　图11.51

11.2.6 芒 果

将芒果去皮后一分为二,在芒果肉上均匀地划上十字花刀,将果肉向外翻起即成。如图11.52～图11.55所示。

图11.52　　　　　　　　图11.53

图11.54　　　　　　　　图11.55

11.2.7 简易水果拼盘制作实例

简易水果拼盘制作实例。如图11.56～图11.63所示。

图11.56

图11.57

图11.58

图11.59

图11.60

图11.61

图11.62

图11.63

思考与练习

1.水果拼盘的特点主要有哪些?

2.水果拼盘制作的要求和要领有哪些?